建筑工程建筑面积计算规范应用图解

黄伟典　编著

U0250266

中国建筑工业出版社

图书在版编目（CIP）数据

建筑工程建筑面积计算规范应用图解/黄伟典编著.
北京：中国建筑工业出版社，2016.3（2024.2重印）
ISBN 978-7-112-19055-3

Ⅰ.①建… Ⅱ.①黄… Ⅲ.①建筑面积-计算-规
范-图解 Ⅳ.①TU723-65

中国版本图书馆 CIP 数据核字（2016）第 024906 号

　　本书以《建筑工程建筑面积计算规范》GB/T 50353—2013 为依据。重点介绍了工程造价从业人员和工程造价专业在校学生所需的建筑面积计算应用和工程计量常用公式、数据。主要内容包括：建筑面积计算概述、建筑面积计算规范解释、建筑面积计算规范应用图解、建筑面积计算部分核心知识及解答、常用工程计量公式和造价指标等。

　　本书适合作为建筑工程设计人员、建筑工程造价人员、建筑工程管理人员的继续教育和工具用书，也可成为大专院校工程造价及相关专业师生的参考书。

责任编辑：赵晓菲　毕凤鸣
责任设计：董建平
责任校对：陈晶晶　李欣慰

建筑工程建筑面积计算规范应用图解
黄伟典　编著
＊
中国建筑工业出版社出版、发行（北京西郊百万庄）
各地新华书店、建筑书店经销
霸州市顺浩图文科技发展有限公司制版
建工社（河北）印刷有限公司印刷
＊
开本：880×1230毫米　1/32　印张：9　字数：250千字
2016 年 7 月第一版　　2024 年 2 月第九次印刷
定价：**28.00** 元
ISBN 978-7-112-19055-3
　　　　（28314）

前言

　　建筑面积是一项重要的技术经济指标，是计算建筑工程工程量的基础工作，是计算单位工程造价的主要依据，是统计部门汇总并发布房屋建筑面积完成情况的基础，在全面控制建筑工程造价及衡量和评价建设规模、投资效益、工程成本等方面起着非常重要的作用。鉴于建筑面积计算在工程设计、管理和计量计价中的重要性，为了帮助建筑设计师、造价工程师和造价员深入理解和掌握《建筑工程建筑面积计算规范》GB/T 50353—2013 的内容和具体的计算范围、计算方法，解决在实际工作中常见的需要急切解决的建筑面积计算问题，根据建筑设计及建筑工程造价人员在建设工程实际工作中所提出的建筑面积计算问题、工作中所需的建筑面积计算相关知识、数据和方法，组织编写了《建筑工程建筑面积计算规范应用图解》丛书。

　　建筑设计和工程造价专业的学生在课堂上难以学到全部的知识和方法，需要从多方面补充。本书就是一本开阔视野，进一步掌握建筑面积计算方法的优质读物。它可以帮助您解决在课堂上尚未解决，甚至解决不了的问题，可以使您在校期间掌握解决各种建筑面积计算的基本知识和方法，以便参加工作后能很快地学以致用。

　　本书主要内容包括：建筑面积计算概述、建筑面积计算规范解释、建筑面积计算规范应用图解、建筑面积计算部分核心知识及解答与常用工程计量公式和造价指标等。系统叙述了《建筑工程建筑面积计算规范》执行中应注意的问题，用一题一例的图解方法，绝大部分条文均列举了案例图解和应用图解，尽可能介绍建筑面积计算的技巧和简便算法，充分体现本书实用性的特点。该书集建筑面积计算的重点、难点释疑之精华，融理论、规则、方法、数据为一体，求一册在手，应有尽有之便利。书中内容丰富、编排严谨、图文并茂、深入浅出，既有理论阐述，又有计算方法和实例应用图解，还有复习考试练习题。针对性、实用性、普及性强，也利于师生教学使用。

本书由山东建筑大学黄伟典任主编，王艳艳、宋红玉任副主编，山东贝利工程咨询有限公司张莹和乔廷东参加编写。

本书适合作为建筑工程设计人员、建筑工程造价人员、建筑工程管理人员的继续教育和工具用书，也可成为大专院校工程造价专业及相关专业师生的参考书。由于编者对建筑工程建筑面积计算规范的理解不深，编写资料和时间有限，书中难免存在不足之处，敬请读者批评指正。

目录

第一部分
建筑面积计算概述

一、建筑面积的概念

建筑面积是建筑物各层面积的总和。它包括使用面积、辅助面积和结构面积三部分。其中，使用面积与辅助面积之和称为有效面积。建筑面积计算公式：

建筑面积＝有效面积＋结构面积＝使用面积＋辅助面积＋结构面积

1. 使用面积

使用面积是指建筑物各层平面中直接为生产或生活使用的净面积之和。例如，住宅建筑中的居室、客厅、书房面积等。

2. 辅助面积

辅助面积是指建筑物各层平面中为辅助生产或辅助生活所占净面积之和。例如，住宅建筑中的楼梯、走道、卫生间、厨房面积等。

3. 结构面积

结构面积是指建筑各层平面中的墙、柱等结构所占面积之和。

二、建筑面积计算的作用

建筑面积的计算是工程计量计价的基础性工作，它在工程建设中起着非常重要的尺度作用。首先，在工程建设的众多技术经济指标中，大多数以建筑面积为基数，它是核定估算、概算、预算工程造价的一个重要基础数据，是计算和确定工程造价、并分析工程造价和工程设计合理性的一个基础指标；其次，建筑面积是国家进行建设工程数据统计、固定资产宏观调控的重要指标；再次，建筑面积还是房地产交易、工程承发包交易、建筑工程有关运营费用核定的一个关键指标。因此，建筑面积的计算不仅是工程计价的需要，也在加强建设工程科学管理、促进社会和谐等方面起着非常重要的作用。

1. 建筑面积是控制基本建设投资规模的主要指标

建筑面积是建设投资、建设项目可行性研究、建设项目勘察设计、建设项目评估、建设项目招标投标、建筑工程施工和竣工验收、建设工程造价管理、建筑工程造价控制等一系列工作的重要计算指标，如估算指标、概算指标、预算指标等。在一定时期内完成建筑面积的多少也标志着一个国家的工程建设发展状况、人民生活居住条件改善和文化生活福利设施发展的程度。

2. 建筑面积是重要的技术指标

建筑设计在进行方案比选时，常常依据一定的建筑技术评价指标，如容积率、建筑密度、建筑平面系数等；建设单位和施工单位在办理报审手续时，经常用到开工面积、竣工面积、优良工程率、建筑规模等技术指标，这些重要的技术指标都要用到建筑面积。其中：

$$容积率 = \frac{建筑总面积}{建筑占地面积} \times 100\%$$

$$建筑密度 = \frac{建筑物底层面积}{建筑占地总面积} \times 100\%$$

$$房屋平面系数 = \frac{房屋使用面积}{房屋建筑面积} \times 100\%$$

3. 建筑面积是重要的经济指标

建筑面积是评价国民经济建设和人民物质生活的重要经济指

标，也是施工单位计算单位工程或单项工程的单位面积工程造价、人工消耗量、材料消耗量和机械台班消耗量的重要经济指标。各种经济指标的计算公式如下：

$$每平方米工程造价 = \frac{工程造价}{建筑面积}(元/m^2)$$

$$每平方米人工消耗量 = \frac{单位工程建造用工量}{建筑面积}(工日/m^2)$$

$$每平方米材料消耗量 = \frac{单位工程某种材料用量}{建筑面积}(kg/m^2, m^3/m^2等)$$

$$每平方米机械台班消耗量 = \frac{单位工程某机械台班用量}{建筑面积}(台班/m^2)$$

建筑面积的计算对于建筑施工企业实行内部经济承包责任制、投标报价、编制施工组织设计、配备施工力量、成本核算及物资供应等，都具有重要的意义。

4. 建筑面积是计算工程量的基础

建筑面积是计算有关工程量的重要依据。例如，垂直运输机械的工程量是以建筑面积为基础计算工程量等。建筑面积也是计算各分部分项工程量和工程量消耗指标的基础。例如，计算出建筑面积之后，利用这个基数，就可以计算出地面抹灰、室内填土、地面垫层、平整场地、顶棚抹灰和屋面防水等项目的工程量。工程量消耗指标也是投标报价的重要参考。

$$每平方米工程量 = \frac{单位工程某工程量}{建筑面积}(m^2/m^2, m/m^2等)$$

综上所述，建筑面积是一项重要的技术经济指标，是计算建筑工程工程量的基础工作，是计算单位工程每平方米工程造价的主要依据，是统计部门汇总并发布房屋建筑面积完成情况的基础，在全面控制建筑工程造价，衡量和评价建设规模、投资效益、工程成本等方面起着重要的尺度作用。但是，建筑面积指标也存在着一些不足，主要是不能反映其高度因素。例如，计取暖气费用以建筑面积为单位就不尽合理。

三、建筑面积计算规则的发展

我国的建筑面积计算规则形式的出现，始于 20 世纪 50 年代，依据苏联的做法，结合我国的情况制定的《建筑面积计算规则》。1982 年，国家经委基本建设办公室（82）经基设字 58 号印发了《建筑面积计算规则》，是对 20 世纪 50 年代制定的《建筑面积计算规则》的修订。1995 年建设部发布《全国统一建筑工程预算工程量计算规则》土建工程 GJDGZ 101—1995，其中第二章为"建筑面积计算规则"，该规则是对 1982 年的《建筑面积计算规则》的再次修订。建设部和国家质量技术监督局颁发的《房产测量规范》的房产面积计算，以及《住宅设计规范》中有关面积的计算，均依据《建筑面积计算规则》。

随着我国建筑市场发展，建筑的新结构、新材料、新技术、新施工方法层出不穷，为了解决建筑技术发展产生的面积计算问题，使建筑面积计算更加科学合理，完善和统一建筑面积的计算范围和计算方法尤为重要。因此，根据建设部（建标［2004］67 号）的要求，对 1995 年的《建筑面积计算规则》进行了系统的修订，并以国家标准的形式发布了《建筑工程建筑面积计算规范》GB/T 50353—2005。其目的在于为满足工程造价计价工作的需要，在修订过程中充分反映出新的建筑结构和新技术等对建筑面积计算的影响，考虑了建筑面积计算的习惯和国际上通用的做法，同时与《住宅设计规范》和《房产测量规范》的有关内容作协调。于 2005 年 4 月 15 日由中华人民共和国建设部颁布实施。

根据住房和城乡建设部《关于印发〈2012 年工程建设标准规范制订修订计划〉的通知》（建标［2012］5 号）的要求，以住房和城乡建设部标准定额研究所为主组成的规范编制组，在《建筑工程建筑面积计算规范》GB/T 50353—2005 的基础上，广泛调查研究，认真总结经验，广泛征求意见，经过反复讨论，进一步修订相关条款，于 2013 年 12 月 19 日，住房和城乡建设部发布第 269 号公告，批准《建筑工程建筑面积计算规范》为国家标准（以下简称"规范"），编号为 GB/T 50353—2013，自 2014 年 7 月 1 日起实施。新版规范变化较大，对当前很多所谓的"偷面积"的行为有杀伤力，尤其在规划方案阶段应特别注意。原《建筑工程建筑面积计算规范》GB/T 50353—2005 同时作废。

四、建筑面积计算规范的制定原则

1. 建筑面积计算规范制定的基本原则

建筑面积计算规范主要基于以下几个方面的考虑：

（1）尽可能准确地反映建筑物各组成部分的价值量。例如，有围护设施的室外走廊（挑廊），应按其结构底板水平投影面积计算 1/2 面积；有围护结构的走廊（增加了围护结构的工料消耗，使用功能增加了）则计算全部建筑面积。又如，形成建筑空间的坡屋顶和场馆看台下的建筑空间，结构净高在 2.10m 及以上的部位应计算全面积；结构净高在 1.20m 及以上至 2.10m 以下的部位应计算 1/2 面积；结构净高在 1.20m 以下的部位不应计算面积。

（2）通过建筑面积计算的规定，简化了建筑面积计算过程。例如，计算全面积、计算一半面积和附墙柱、垛等不应计算面积等简约规定，没有了 1/4 和 3/4 的面积规定。

2. 建筑面积计算规范修订的总体原则

本次修订是在《建筑工程建筑面积计算规范》GB/T 50353—2005 的基础上，对一些提出问题较多的条款进行修订，确定了建筑面积计算的总体原则：

（1）适用范围。《建筑工程建筑面积计算规范》GB/T 50353—2013 适用于新建、扩建、改建的工业与民用建筑工程建设全过程的建筑面积计算。适用范围增加了"建设全过程"。在《建筑工程建筑面积计算规范》GB/T 50353—2005 中强调规范主要为满足工程造价计价工作的需要，而实际建设过程中，规划、设计等阶段均使用《建筑工程建筑面积计算规范》。因此，本次修订将适用范围扩大到建设全过程，规划、设计也可以使用《建筑工程建筑面积计算规范》GB/T 50353—2013。为了防止房屋产权面积的重新核定，《建筑工程建筑面积计算规范》GB/T 50353—2013 不适用于房屋产权面积的测算，房产部门进行房屋产权面积测算仍执行《房产测量规范》。

（2）阳台面积计算以主体结构为主的原则。按照属于主体结构内的部分计算全面积，附属设施计算半面积的原则（在不考虑层高的前提下）。例如，在阳台的规定中，无论图纸标注为阳台、空中花园、入户花园，在主体结构内的都应计算全面积，不考虑是否封闭。

（3）可以利用（不论设计是否明确利用）的建筑空间都要计算建筑面积，取消"所设计加以利用"的说法。

（4）一般计算原则。《建筑工程建筑面积计算规范》GB/T 50353—2013 中规定，一般的取定顺序是：有围护结构的，按围护结构计算面积；无围护结构但有底板的，按底板计算面积（室外走廊、架空走廊）；底板也不利于计算的，则取顶盖（车棚、货棚等）。主体结构外的附属设施按结构底板计算面积。对错层阳台、架空走廊、直行楼梯等是否按有顶盖考虑计算面积，《建筑工程建筑面积计算规范》GB/T 50353—2013 中规范有盖无盖不作为计算建筑面积的必备条件，因为阳台、架空走廊、楼梯是利用其底板，顶盖只是起遮风挡雨的辅助功能。

（5）《建筑工程建筑面积计算规范》GB/T 50353—2013 涉及的所有建筑部件，均应符合国家现行设计、施工、质量、安全等规范的要求。

五、建筑面积计算规范修订的内容

1. 建筑面积计算规范的主要内容

《建筑工程建筑面积计算规范》内容包括：总则、术语、计算建筑面积的规定、规范用词说明和条文说明五部分。其中，计算建筑面积的规定主要包括三个方面的内容：

（1）计算全部建筑面积的范围和规定。

（2）计算一半建筑面积的范围和规定。

（3）不计算建筑面积的范围和规定。

2. 建筑面积计算规范术语部分修订的内容

《建筑工程建筑面积计算规范》GB/T 50353—2005 共 25 条术语，《建筑工程建筑面积计算规范》GB/T 50353—2013 增加了建筑面积、建筑空间、结构净高、围护设施、结构层、门廊、楼梯、主体结构、露台、台阶的术语释义。将《建筑工程建筑面积计算规范》GB/T 50353—2005 术语中的层高修订为结构层高；删除了回廊、围护性幕墙、装饰性幕墙、眺望间、永久性顶盖。《建筑工程建筑面积计算规范》GB/T 50353—2013 的术语解释大部分来源于现行国家标准《民用建筑设计术语标准》GB/T 50504—2009，《民用建筑设计术语标准》GB/T 50504—2009 中没有的术语，经过资料查询，整理后作为《建筑工程建筑面积计算规范》GB/T 50353—2013 的术语解释。《建筑工程建筑面积计算规范》GB/T 50353—2013 规定，阳台是附设于建筑物外墙，设有栏杆或栏板，可供人活动的室外空间。这个术语定义中强调附设于建筑物外墙，凡不是这种情况，为阳台单独设计的外墙或阳台在外墙内的均按全面积计算，也就是说，外墙内的阳台不符合规范术语的规定。

3. 建筑面积计算的规定部分修订的内容

（1）增加了建筑物架空层的面积计算规定，取消了深基础架空层的面积计算规定。

（2）取消了有永久性顶盖的面积计算规定，增加了无围护结构、有围护设施的面积计算规定，顶盖不是计算建筑面积的唯一条件，如楼梯，有无顶盖不影响楼梯的垂直交通，永久性表述也有欠缺，我国不同建筑物有耐久年限的规定。

（3）修订了落地橱窗、门斗、挑廊、走廊、檐廊的面积计算规定。

（4）增加了凸（飘）窗的建筑面积计算要求。因为有些落地窗会设计为飘窗，实际和房间为一体。

（5）修订了围护结构不垂直于水平面而超出底板外沿的建筑物的面积计算规定。

（6）删除了原室外楼梯强调的有永久性顶盖的面积计算要求。

（7）修订了阳台的面积计算规定。

（8）修订了外保温层的面积计算规定，按现行计算建筑面积的规则（结构外围），保温层不应计算建筑面积，而因为设保温层是国家节能要求，为了鼓励设计时加设保温层，因此给予面积计算，但保温层与外墙之间的空隙不计算建筑面积。

（9）修订了设备层、管道层的面积计算规定，设备层和管道层归入常规楼层计算建筑面积。

（10）增加了门廊的面积计算规定。

（11）增加了有顶盖的采光井的面积计算规定。

（12）取消了自动扶梯、自动人行道不计算面积的规定。

六、商品房建筑面积计算

1. 住宅商品房建筑面积的计算方法

住宅商品房建筑面积的计算非常重要，关系到开发商和业主双方的经济利益，处理不好还会引起法律纠纷。住宅商品房建筑面积的计算，特别是公摊面积计算，目前还没有一项统一的严格法律文件规定，各地的计算方法也不完全相同，主要靠购销合同进行约定。现在住宅商品房都依据《房产测量规范》进行计算，主要的计算公式和方法如下：

住宅套型建筑面积＝套内建筑面积＋公摊面积

套内建筑面积＝套内使用面积＋套内墙体面积＋阳台建筑面积

［套内墙体面积是指室内墙体面积加外墙墙体

（包括两户之间隔墙）水平面积的一半〕

公摊面积＝楼电梯面积＋走廊过道面积＋大堂门厅面积＋设备

功能用房面积＋外墙墙体水平投影面积的一半＋其他面积

2. 住宅商品房公用面积的分摊方法

商品房公用面积的分摊以幢为单位，与本幢楼房不相连的公用建筑面积不得分摊给本幢楼房的住户。

（1）可分摊的公共部分为本幢楼的大堂、公用门厅、走廊、过道、公用厕所、电（楼）梯前厅、楼梯间、电梯井、电梯机房、垃圾道、管道井、消防控制室、水泵房、水箱间、冷冻机房、消防通道、变配电室、煤气调压室、卫星电视接收机房、空调机房、热水锅炉房、电梯工休息室、值班警卫室、物业管理用房等，以及其他功能上为该建筑服务的专用设备用房，套与公用建筑空间之间的分隔墙及外墙（包括山墙、墙体水平投影面积的一半）。

（2）不应计入的公用建筑空间有：仓库、机动车库、非机动车库、车道、供暖锅炉房、作为人防工程地下室、单独具备使用功能的独立使用空间，售房单位自营、自用的房屋，为多幢房屋服务的警卫室、管理（包括物业管理）等用房。

（3）不应分摊的共有建筑面积包括：从属于人防工程的地下室、半地下室；供出租或出售的固定车位或专用车库；幢外的用作公共休憩的设施或架空层。

（4）公用建筑面积的分摊方法：多层住宅需要先求出整幢房屋和共有建筑面积分摊系数，再按幢内的各套内建筑面积比例分摊。多功能综合楼须先求出整幢房屋和幢内不同功能区的共有建筑面积分摊系数，再按幢内各功能区内建筑面积比例分摊。

公摊面积没有明确规定，目前房地产市场普通多层住宅楼，在没有地下设备用房、没有底层商铺、底层架空的情况下，公摊系数在 10%～15% 之间；带电梯的中高层住宅，公摊系数在 17%～20% 之间；高层住宅相对更高一些。

七、建筑面积计算规范总则与术语

《建筑工程建筑面积计算规范》为国家标准，编号为 GB/T 50353—2013，自 2014 年 7 月 1 日起实施。《建筑工程建筑面积计算规范》GB/T 50353—2013 是在《建筑工程建筑面积计算规范》GB/T 50353—2005 的基础上修订而成，鉴于建筑发展中出现的新结构、新材料、新技术、新施工方法，为了解决建筑技术发展产生的面积计算问题，本着不重算、不漏算的原则，对建筑面积的计算范围和计算方法进行了修改统一和完善。

《建筑工程建筑面积计算规范》主要内容有总则、术语、计算建筑面积的规定。为便于准确理解和应用本规范，对建筑面积计算规范的用词说明和有关条文进行了说明。

《建筑工程建筑面积计算规范》由住房和城乡建设部负责管理，住房和城乡建设部标准定额研究所负责具体技术内容的解释。

1. 总则

（1）为规范工业与民用建筑工程建设全过程的面积计算，统一计算方法，特制定《建筑工程建筑面积计算规范》。

（2）《建筑工程建筑面积计算规范》适用于新建、扩建、改建的工业与民用建筑工程建设全过程的建筑面积计算。在实际建设过程中，规划、设计、施工阶段的建筑面积计算均适用《建筑工程建筑面积计算规范》。但房屋产权面积计算不适用于《建筑工程建筑面积计算规范》。

（3）建筑工程的建筑面积计算，除应符合《建筑工程建筑面积计算规范》外，尚应符合国家现行有关标准的规定。

2. 术语的定义或含义

（1）建筑面积是指建筑物（包括墙体）所形成的楼地面面积。面积是所占平面图形的大小，建筑面积是墙体围合的楼地面面积（包括墙体的面积），因此计算建筑面积时，首先以外墙结构外围水平面积计算。建筑面积还包括附属于建筑物的室外阳台、雨篷、檐廊、室外走廊、室外楼梯等面积,如图 1-1 所示。

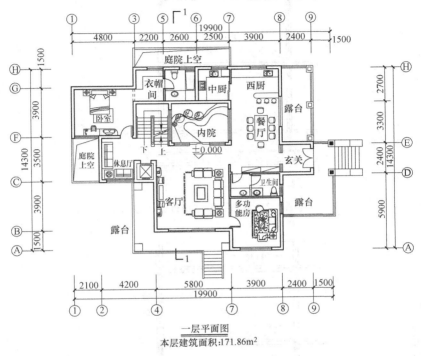

一层平面图

本层建筑面积:171.86m²

图 1-1 楼地面面积示意图

(2) 自然层是指按楼地面结构分层的楼层。自然层按结构分层,如图 1-2 所示。

关于住宅楼的层数,《住宅设计规范》GB 50096—2011 规定,住宅楼的层数计算应符合下列规定:当住宅楼的所有楼层的层高不大于 3.00m 时,层数应按自然层数计;层高小于 2.20m 的架空层和设备层不计入自然层数;高出室外设计地面小于 2.20m 的半地下室不计入地上自然层数。

(3) 结构层高是指楼面或地面结构层上表面至上部结构层上表面之间的垂直距离。结构层高如图 1-3 所示。

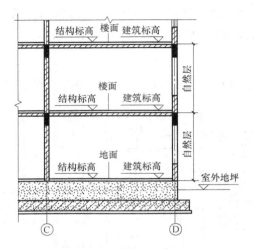

图 1-2 自然层按结构分层示意图

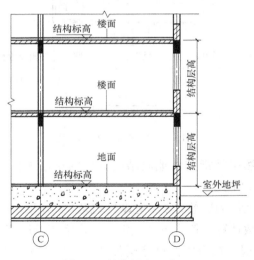

图 1-3 结构层高示意图

1）上下均为楼面时，结构层高是相邻两层楼板结构层上表面之间的垂直距离。

2）建筑物最底层，从"混凝土构造"的上表面，算至上层楼板结构层上表面。

　　分两种情况：一是有混凝土底板的，从底板上表面算起（如底板上有上反梁，则应从上反梁上表面算起）；二是无混凝土底板、有地面构造的，以地面构造中最上一层混凝土垫层或混凝土找平层上表面算起。

　　3）建筑物顶层，从楼板结构层上表面算至屋面板结构层上表面。

　　（4）围护结构是指围合建筑空间的墙体、门、窗。规范明确了围护结构仅包括这三种部件，墙体、门、窗不区分材质，如图1-4所示。

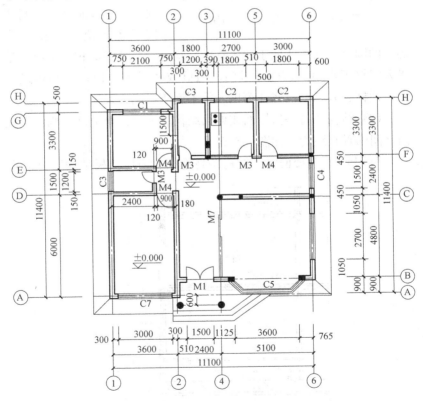

底层平面图 1:100

图1-4　围护结构示意图

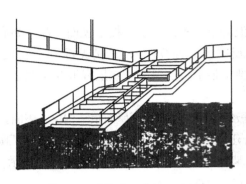

图 1-5 建筑大厅空间示意图

（5）建筑空间是指以建筑界面限定的、供人们生活和活动的场所。建筑大厅建筑空间，如图 1-5 所示。规范取消"设计加以利用"的说法，凡是具备可出入、可利用条件（设计中可能标明了使用用途，也可能没有标明使用用途或使用用途不明确）的围合空间，均属于建筑空间，均应计算建筑面积。可出入是指人能够正常出入，即通过门、门洞或楼梯等进出；而必须通过窗、栏杆、人孔、检修孔等出入的不属于可出入。

（6）结构净高是指楼面或地面结构层上表面至上部结构层下表面之间的垂直距离，如图 1-6 所示。

1）上下均为楼面时，结构净高是相邻两层楼板结构层上下表

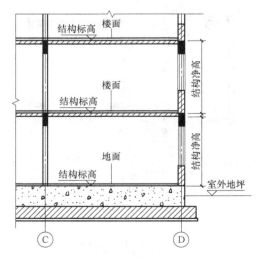

图 1-6 结构净高示意图

面之间的垂直距离。

2）建筑物最底层，从"混凝土构造"的上表面，算至上层楼板结构层下表面。

分两种情况：一是有混凝土底板的，从底板上表面算起（如底板上有上反梁，则应从上反梁上表面算起）；二是无混凝土底板、有地面构造的，以地面构造中最上一层混凝土垫层或混凝土找平层上表面算起。

3）建筑物顶层，从楼板结构层上表面算至屋面板结构层下表面。

（7）围护设施是指为保障安全而设置的栏杆、栏板等围挡，如图 1-7 所示。明确了栏杆、栏板等不属于围护结构。围护设施的设置应符合有关安全标准的规定。

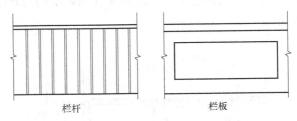

栏杆　　　　　　　　栏板

图 1-7　围护设施示意图

（8）地下室是指室内地坪面低于室外地坪面的高度超过室内净高的 1/2 的房间，如图 1-8 所示。

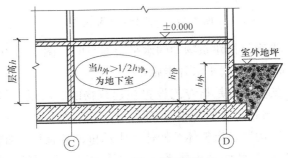

图 1-8　地下室剖面图

（9）半地下室是指室内地坪平面低于室外地坪面的高度超过室内净高的 1/3，且不超过 1/2 的房间，如图 1-9 所示。

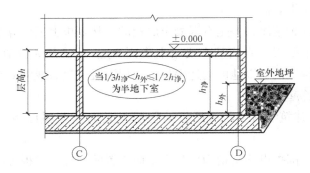

图 1-9　半地下室剖面图

（10）架空层是指仅有结构支撑而无外围护结构的开敞空间层，如图 1-10 所示。

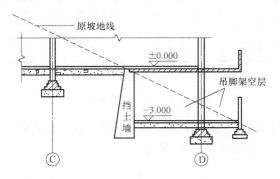

图 1-10　吊脚架空层示意图

（11）走廊是指建筑物中的水平交通空间。图 1-11 中一～四层的水平交通空间均属于室外走廊。

（12）架空走廊是指专门设置在建筑物的二层或二层以上，作为不同建筑物之间水平交通的空间，如图 1-12 所示。

（13）结构层是指整体结构体系中承重的楼板层，如图 1-13 所示。结构层特指整体结构体系中承重的楼层，包括板、梁等构件。

结构层承受整个楼层的全部荷载，并对楼层的隔声、防火等起主要作用。

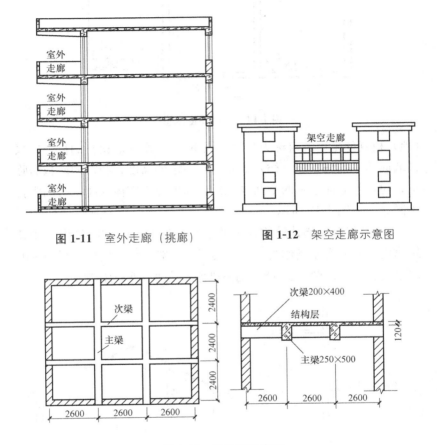

图 1-11　室外走廊（挑廊）　　　　图 1-12　架空走廊示意图

图 1-13　结构层示意图

（14）落地橱窗是指凸出外墙面且根基落地的橱窗。落地橱窗是指在商业建筑临街面设置的下槛落地、可落在室外地坪也可落在室内首层地板，用来展览展示各种样品的玻璃窗，如图 1-14 所示。

（15）凸窗（飘窗）是指凸出建筑物外墙面的窗户。凸窗（飘窗）既作为窗，就有别于楼（地）板的延伸，也就是不能把楼

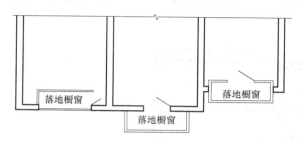

图 1-14　落地橱窗示意图

（地）板延伸出去的窗称为凸窗（飘窗）。凸窗（飘窗）的窗台应只是墙面的一部分且距（楼）地面应有一定的高度，凸窗的底板需临空，建筑外立面上下两个凸（飘）窗间不应用实体封闭，与凸阳台不同。详见图 1-15 所示。

（16）檐廊是指建筑物檐下的水平交通空间。檐廊是附属于建筑物底层外墙有屋檐作为顶盖，其下部一般有柱或栏杆、栏板等的水平交通空间。图 1-16 所示的室外水平交通空间为檐廊。

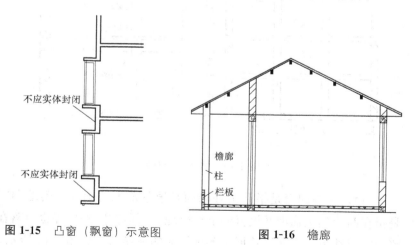

图 1-15　凸窗（飘窗）示意图　　　　**图 1-16　檐廊**

（17）挑廊是指挑出建筑物外墙的水平交通空间。挑廊是悬挑的水平交通空间；图 1-17 中二、三、四层的室外水平交通空间为挑廊。底层虽然有地面结构，但无栏杆、栏板或柱，不属于有围护设施的室外走廊，不计算建筑面积。

（18）门斗是指建筑物出入口处两道门之间的空间。它是有顶盖和围护结构的全围合空间。门斗是全围合的，门廊、雨篷至少有一面不围合，如图 1-18 所示。

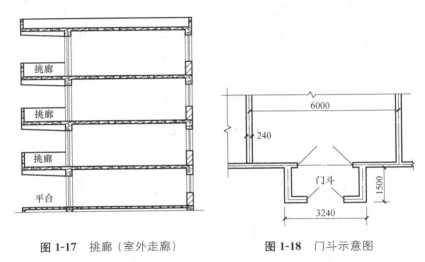

图 1-17　挑廊（室外走廊）　　　　　图 1-18　门斗示意图

（19）雨篷是指建筑出入口上方为遮挡雨水而设置的构件。是在建筑物出入口上方、凸出墙面、为遮挡雨水而单独设立的建筑部件。雨篷划分为有柱雨篷（包括独立柱雨篷、多柱雨篷、墙柱支撑雨篷、墙支撑雨篷）和无柱雨篷（悬挑雨篷），如图 1-19 所示。如凸出建筑物，且不单独设立顶盖，利用上层结构板（如楼板、阳台底板）进行遮挡，则不视为雨篷，不计算建筑面积。对于无柱雨篷，如顶盖高度达到或超过两个楼层时，也不视为雨篷，不计算建筑面积。

（20）门廊是指建筑物出入口前有顶棚的半围合空间。门廊是在建筑物出入口，无门，三面或二面有墙，上部有板（或借用上部楼板）围护的部位。门廊划分为全凸式、全凹式、半凸半凹式，如图 1-20 所示。

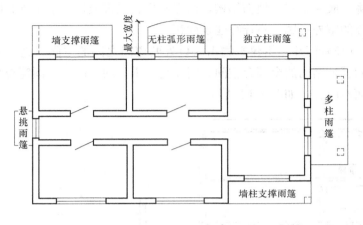

图 1-19　雨篷示意图

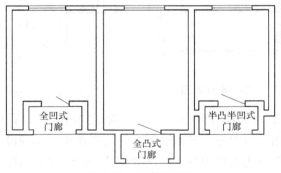

图 1-20　门廊示意图

（21）楼梯是指由连续行走的梯级、休息平台和维护安全的栏杆（或栏板）、扶手以及相应的支托结构组成的作为楼层之间垂直交通使用的建筑部件，如图 1-21 所示。

（22）阳台是指附设于建筑物外墙，设有栏杆或栏板，可供人活动的室外空间，摘自《民用建筑设计术语标准》GB/T 50504—2009。

阳台主要有三个属性：一是阳台是附设于建筑物外墙的建筑部件；二是阳台应有栏杆、栏板等围护设施或窗；三是阳台是可供人

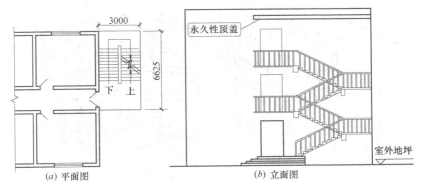

(a) 平面图　　　　(b) 立面图

图 1-21　室外楼梯示意图

活动的室外空间。

阳台有两种情况：一种是在外墙和主体结构外，属于主体结构外的阳台；另一种是在外墙外、主体结构内，属于主体结构内的阳台。有时设计将外墙内、主体结构内的部分也标注为阳台，但根据定义，阳台是外墙外的附属设施，外墙内的阳台实际上不应称呼为阳台。本规范为了能够表述清楚不同情况的规则，避免混乱，故对此种情况归为主体结构内的阳台，如图 1-22 所示。

（23）主体结构是指接受、承担和传递建筑工程所有上部荷载，维持上部结构整体性、稳定性和安全性的有机联系的构造。主体结构即通常俗称的承重结构或受力体系，是承受"所有上部荷载"的柱、梁、板、墙等结构体系，如图 1-23 所示。

（24）变形缝是指防止建筑物在某些因素作用下引起开裂甚至破坏而预留的构造缝，如图 1-24 所示。变形缝是指设在

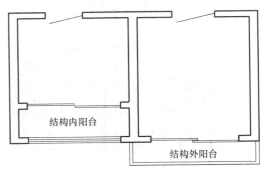

图 1-22　主体结构内外的阳台示意图

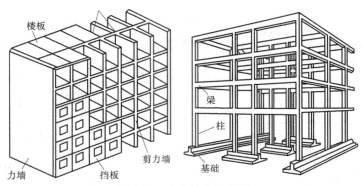

图 1-23 主体结构示意图

楼板　剪力墙　力墙　挡板　梁　柱　基础

建筑物因温差、不均匀沉降以及地震而可能引起结构破坏变形的敏感部位或其他必要的部位，预先设缝将建筑物断开，令断开后建筑物的各部分成为独立的单元，或者是划分为简单、规则的段；并令各段之间的缝达到一定的宽度，以能够适应变形的需要。根据外界破坏因素的不同，变形缝一般分为伸缩缝、沉降缝和抗震缝三种。

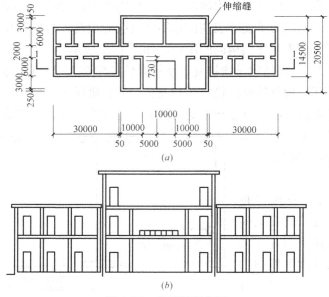

(a)

(b)

图 1-24 变形缝示意图

（25）骑楼是指建筑底层沿街面后退且留出公共人行空间的建筑物。骑楼是指沿街二层以上用承重柱支撑（或悬挑）骑跨在公共人行空间之上，其底层沿街面后退的建筑物，如图 1-25 所示。

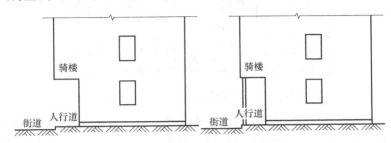

图 1-25 骑楼示意图

1）图 1-25 标示为人行道部分指的是公共人行道；而非建筑物的组成部分（外走廊）。

2）骑楼凸出部分一般是沿建筑物整体凸出，而不是局部凸出。

（26）过街楼是指跨越道路上空并与两边建筑相连接的建筑物。过街楼是指当有道路在建筑群穿过时为保证建筑物之间的功能联系，设置跨越道路上空使两边建筑相连接的建筑物，如图 1-26 所示。

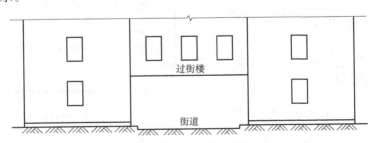

图 1-26 过街楼示意图

（27）建筑物通道是指为穿过建筑物而设置的空间。穿过建筑物楼内通道如图 1-27 所示。

（28）露台是指设置在屋面、首层地面或雨篷上的供人室外活动的、有围护设施的平台，如图 1-28 所示。露台应满足四个条件；

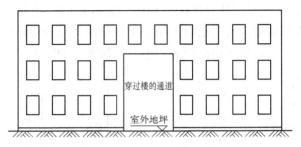

图 1-27　穿过建筑物楼内通道示意图

一是位置，设置在屋面、地面或雨篷顶；二是可出入；三是有围护设施；四是无盖。这四个条件须同时满足。如果设置在首层并有围护设施的平台，且其上层为同体量阳台，则该平台应视为敞开式阳台，如图 1-29 所示，按阳台的规则计算建筑面积。

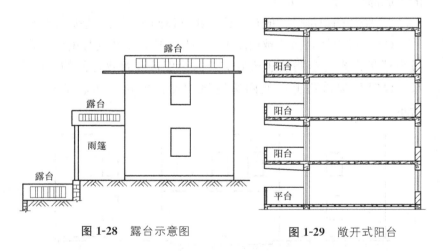

图 1-28　露台示意图　　　　**图 1-29　敞开式阳台**

（29）勒脚是指在房屋外墙接近地面部位设置的饰面保护构造，如图 1-30 所示。

（30）台阶是指联系室内外地坪或同楼层不同标高而设置的阶梯形踏步，如图 1-30 所示。台阶是在建筑物出入口不同标高地面或同楼层不同标高处设置的供人行走的阶梯式连接构件，室外台阶还包括与建筑物出入口连接处的平台。

架空的阶梯形踏步，起点至终点的高度达到该建筑物一个自然层及以上的称为楼梯，在一个自然层以内的称为台阶。

（31）电梯井（观光电梯井）是指安装电梯用的垂直通道；提物井是指图书馆提升书籍、酒店提升食物的垂直通道；管道井是指宾馆或写字楼内集中安装给水排水、采暖、消防、电线管道用的垂直通道。有顶盖的采光井包括建筑物中的采光井和地下室的采光井，如图 1-31 所示。

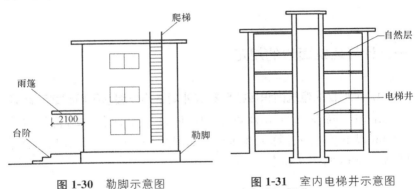

图 1-30　勒脚示意图　　　　图 1-31　室内电梯井示意图

第二部分
建筑面积计算规范解释

一、计算建筑面积的规定

1. 建筑物的建筑面积应按自然层外墙结构外围水平面积之和计算

结构层高在 2.20m 及以上的，应计算全面积；结构层高在 2.20m 以下的，应计算 1/2 面积，如图 2-1 所示。2.20m 是取标准层高 3.30m 的 2/3 高度。

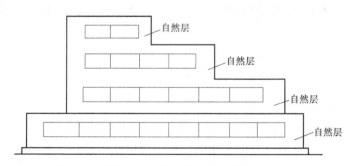

图 2-1　建筑物自然层结构外围水平面积示意图

（1）规范不再区分单层建筑与多层建筑。规范所指建筑物可以是单层，也可以是多层；可以是民用建筑、公共建筑，也可以是工业厂房，对建筑面积计算规则进行了统一。应按其外墙结构外围水平面积之和计算，单层之和就是本层的面积。主体结构外的室外阳台、雨篷、檐廊、室外走廊、室外楼梯单独计算面积；当外墙结构本身在一个层高范围内不等厚时，以楼地面结构标高处的外围水平面积计算。另外还强调，建筑面积只包括外墙的结构面积，不包括外墙抹灰厚度、装饰材料厚度（保温层除外）所占的面积。

（2）建筑物应按不同的结构层高确定面积的计算，结构层高是指楼面或地面结构层（不是±0.000）上表面至上部结构层上表面之间的垂直距离。遇有以屋面板找坡的平屋顶建筑物，应按坡屋顶的有关规定计算面积，如图 2-2 所示。

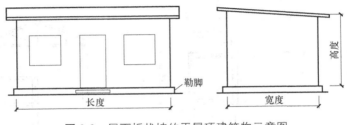

图 2-2　屋面板找坡的平屋顶建筑物示意图

（3）勒脚是指建筑物外墙与室外地面或散水接触部分墙体的加厚部分，其高度一般为室内地坪与室外地面的高差，也有的将勒脚高度提高到底层窗台。因为勒脚是墙根很矮的一部分墙体加厚，不能代表整个外墙结构，故计算建筑面积时不考虑勒脚。

（4）下部为砌体，上部为彩钢板围护的建筑物（见图 2-3，俗称轻钢厂房），其建筑面积的计算：

当 $h<0.45$m 时，建筑面积按彩钢板外围水平面积计算；

当 $h\geqslant0.45$m 时，建筑面积按下部砌体外围水平面积计算。

（5）当外墙结构本身在一个

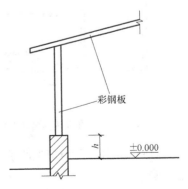

图 2-3　下部为砌体，上部为彩钢板围护的建筑物示意图

层高范围内不等厚时（不包括勒脚，外墙结构在该层高范围内材质不变），以楼地面结构标高处的外围水平面积计算。

2. 建筑物内设有局部楼层时的面积计算

对于局部楼层的二层及以上楼层，有围护结构的应按其围护结构外围水平面积计算，如图 2-4（a）所示；无围护结构的应按其结构底板水平面积计算，且结构层高在 2.20m 及以上的，应计算全面积；结构层高在 2.20m 以下的，应计算 1/2 面积，如图 2-4（b）所示。

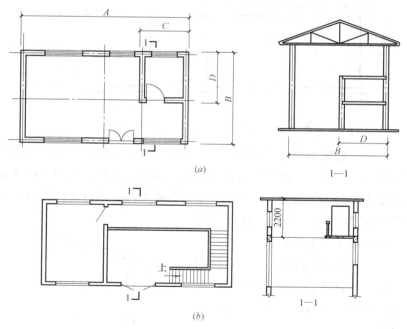

图 2-4　建筑物内设有局部楼层示意图

（1）局部楼层的墙厚部分应包括在局部楼层面积内，如图 2-4（a）所示。

（2）规范不再强调"单层建筑物内设置"的概念，无论是单层、多层，只要是在一个自然层内设置的局部楼层都适用本条，如复式房屋。本条款没提出不计算面积的规定，可以理解局部楼层的层高一般不会低于 1.20m。

（3）建筑物内设有局部楼层，其首层面积已包括在原建筑物中，不能重复计算。因此，应从二层以上开始计算局部楼层的建筑面积。

（4）围护结构是指"围合建筑空间的墙体、门、窗"。"栏杆、栏板"按照规范的定义，属于围护设施。

（5）规范局部楼层分两种：一种是有围护结构，另一种是无围护结构。但需要注意，无围护结构的情况下，必须要有围护设施。如果既无围护结构也无围护设施，则不属于楼层，不计算建筑面积，如图 2-3（b）所示。

3. 形成建筑空间的坡屋顶的面积计算

结构净高在 2.10m 及以上的部位应计算全面积；结构净高在 1.20m 及以上至 2.10m 以下的部位应计算 1/2 面积；结构净高在 1.20m 以下的部位不应计算建筑面积，如图 2-5、图 2-6 所示。

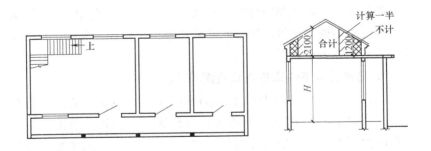

图 2-5 单层坡屋顶内空间示意图

建筑空间是"具备可出入、可利用条件（设计中可能标明了使用用途，也可能没有标明使用用途或使用用途不明确）的围合空间"。考虑到有时设计图纸中不一定明确标注某个房间的用途，因此规范不再提"设计加以利用"的说法。只要具备建筑空间的两个

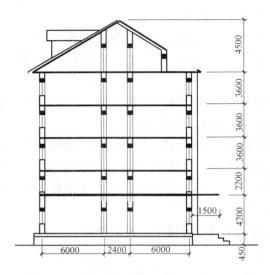

图 2-6 多层建筑坡屋顶示意图

基本要素（围合空间，可出入、可利用），即使设计中未体现某个房间的具体用途，仍然应计算建筑面积。可出入是指人能够正常出入，即通过门或楼梯等进出；而必须通过窗、栏杆、人孔、检修孔等出入的不算可出入。

4. 场馆看台下的建筑空间的面积计算

结构净高在 2.10m 及以上的部位应计算全面积；结构净高在 1.20m 及以上至 2.10m 以下的部位应计算 1/2 面积；结构净高在 1.20m 以下的部位不应计算面积，如图 2-7 所示。室内单独设置的有无围护设施的悬挑看台，应按看台结构底板水平投影面积计算建筑面积。有顶盖无围护结构的场馆看台应按其顶盖水平投影面积的 1/2 计算面积。

（1）规范取消"设计加以利用"的说法，改为按照"建筑空间"进行判断。凡是具备可出入、可利用条件（设计中可能标明了使用用途，也可能没有标明使用用途或使用用途不明确）的围合空

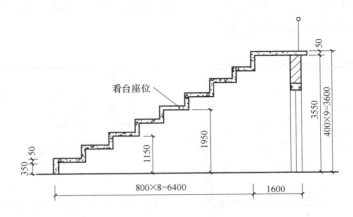

图 2-7 场馆看台下的空间示意图

间，均属于建筑空间，均应计算建筑面积。可出入是指人能够正常出入，即通过门、门洞或楼梯等进出；而必须通过窗、栏杆、人孔、检修孔等出入的不属于可出入。

（2）规范取消了"永久性顶盖"的说法，一律称为"顶盖"。只要设计有顶盖（不包括漏空顶盖），无论是已有详细设计还是标注为需二次设计，无论是什么材质，都视为有顶盖。

（3）本条可分三类，都是针对场馆的，但各类的适用范围有一定区别：

1）看台下的建筑空间，对"场"（顶盖不闭合）和"馆"（顶盖闭合）都适用。场馆看台下的空间应视为坡屋顶内的空间，应按其结构净高确定其面积的计算。

2）室内单独设置的有围护设施的悬挑看台，仅对"馆、堂、所、厅"等室内单独设置的悬挑看台适用。因其看台上部有顶盖（视为大厅走廊）且在室内可供人们正常使用，所以按看台结构底板水平投影面积计算建筑面积。

"馆（堂）"是有永久性顶盖和围护结构的，其本身应按单层或多层建筑面积计算规定计算。室内单独设置的有围护设施的悬挑看台如图 2-8 所示，无论是单层还是多层悬挑看台，都按看台结构底板水平投影面积计算建筑面积。

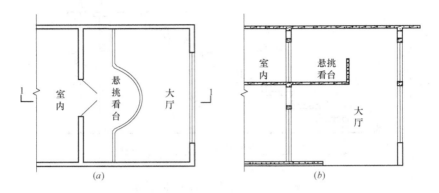

图 2-8 室内单独设置有围护设施的悬挑看台

(*a*) 平面图；(*b*) 剖面图

3）有顶盖无围护结构的看台，仅对"场"适用。这里的场馆主要是指体育场等"场"所，如体育场主席台部分的看台，一般是有永久性顶盖而无围护结构，按其顶盖水平投影面积的 1/2 计算。计算建筑面积的范围应是看台与顶盖重叠部分的水平投影面积。有双层看台时，各层分别计算建筑面积，顶盖及上层看台均视为下层看台的盖。无顶盖的看台，不计算建筑面积。看台下的建筑空间按本条第一类计算建筑面积。有顶盖无围护结构的场馆看台，如图 2-9 所示。

5. 地下室、半地下室应按其结构外围水平面积计算

结构层高在 2.20m 及以上的，应计算全面积；

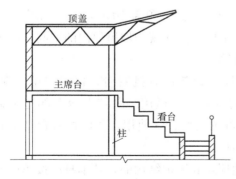

图 2-9 有顶盖无围护结构的场馆看台

结构层高在 2.20m 以下的，应计算 1/2 面积，如图 2-10 所示。

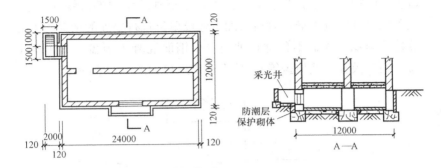

图 2-10　地下室、半地下室示意图

（1）由于地下室、半地下室与正常楼层的计算原则相一致，故实际在计算建筑面积时，无须对地下室、半地下室进行严格意义的划分。

（2）地下室、半地下室按"结构外围水平面积"计算，不再按"外墙上口"取定。当外墙为变截面时，按地下室、半地下室楼地面结构标高处的外围水平面积计算。

（3）地下室的外墙结构不包括找平层、防水（潮）层、保护墙等。

（4）地下空间未形成建筑空间的，不属于地下室或半地下室，不计算建筑面积。

（5）地下室作为设备管道层的，按设备管道层的相关规定计算。

（6）地下室各种竖井，按竖井的相关规定计算。

（7）地下室的围护结构不垂直于水平面的，按不垂直斜墙的相关规定计算。

6. 出入口外墙外侧坡道有顶盖的部位面积计算

应按其外墙结构外围水平面积的 1/2 计算面积。坡道包括自行车坡道、车库坡道等。

出入口坡道分为有顶盖出入口坡道和无顶盖出入口坡道，出入口坡道的挑出长度，为顶盖结构外边线至外墙结构外边线的长度；顶盖以设计图纸为准，对后增加及建设单位自行增加的顶盖等不计算建筑面积。顶盖不分材料种类（如钢筋混凝土顶盖、彩钢板顶盖、阳光板和玻璃顶盖等）。地下室出入口如图 2-11 所示。

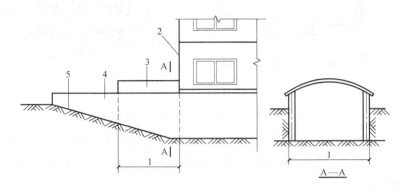

图 2-11 地下室出入口示意图

1—计算 1/2 投影面积；2—主体建筑；3—玻璃钢顶盖；4—出入口侧墙；5—出入口坡道

（1）出入口坡道计算建筑面积应满足两个条件：一是有顶盖，二是有侧墙（即规范中所说的"外墙结构"，但侧墙不一定全封闭）。计算建筑面积时，有顶盖的部位按外墙（侧墙）结构外围水平面积计算；无顶盖的部位，即便有侧墙，也不计算建筑面积。

（2）本条规定不仅适用于地下室、半地下室出入口，也适用于坡道向上的出入口。

（3）"规范"规定出入口坡道，无论结构层高是多高，都只计算一半面积。

（4）由于坡道是从建筑物内部一直延伸到建筑物外部的，建筑物内的部分随建筑物正常计算建筑面积，建筑物外的部分按本规定执行。建筑物内、外的划分以建筑物外墙结构外边线为界，如图 2-12 所示。建筑物外墙结构外边线的左侧和下侧部分属于坡道出入口，按本条规定执行。

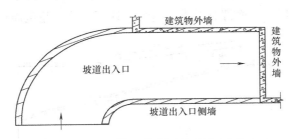

图 2-12 坡道建筑面积计算范围示意图

在计算图 2-12 建筑面积时应注意：坡道直线段部分，只有一侧有侧墙，上侧的墙是建筑物的外墙，已随主体建筑计算了建筑面积，不能再重复计算坡道面积，故直线段部分坡道应从建筑物外墙结构外边线算起，算至坡道下侧的侧墙外边线；圆弧段坡道，两侧都有侧墙，则两侧的侧墙都计入建筑面积。

（5）地下车库工程（包括出入口）建筑面积计算原则：

对于地下车库工程，无论出入口坡道如何设置，无论坡道下方是否加以利用，地下车库均应按地下室面积计算规定，按设计的自然层计算建筑面积。出入口坡道按本条规定另行计算后，并入该工程建筑面积。

图 2-13 中，单层地下车库出入口部分，均无须考虑斜板下是否加以利用和结构净高，首先按地下室计算规则计算一个自然层建筑面积，然后，上面部分的出入口另行计算，并入建筑面积。

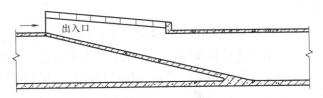

图 2-13 单层地下车库出入口示意图

图 2-14 中，双层地下车库出入口部分无须考虑斜板下是否加以利用和结构层净高，首先按地下室计算规则计算两个自然层建筑面积，然后，上面部分的出入口另行计算，并入建筑面积。

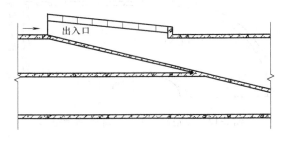

图 2-14　双层地下车库出入口示意图

7. 建筑物架空层及坡地建筑物吊脚架空层面积计算

应按其顶板水平投影面积计算建筑面积，结构层高在 2.20m 及以上的，应计算全面积；结构层高在 2.20m 以下的，应计算 1/2 面积。

（1）建筑物架空层适用于建筑物设置的深基础架空层或利用斜坡设置的吊脚架空层，建筑物底层架空层（常见的是学校教学楼、住宅等工程），有的建筑物在二层或以上某个甚至多个楼层设置架空层，作为公共活动、停车、绿化等空间的建筑面积计算，建筑物底层架空层如图 2-15 所示。架空层中有围护结构的建筑空间按相关规定计算。

（2）架空层无围护结构，且无论是否"设计加以利用"，只要具备可利用状态，均计算建筑面积。规范中提到的"建筑物吊脚架空层"，是指仅有结构支撑而无外围护结构的开敞空间层，如图 2-16、图 2-17 所示。

（3）规范规定不仅适用于坡地建筑物吊脚架空层、深基础架空层，同时也适用于建筑物架空层，解决了近年来大量出现的学校教学楼、住宅底层设置架空层的建筑面积计算问题。规划设计时应注意，以往均按架空景观层概念，不计建筑面积（容积率）。建筑物架空层及坡地建筑物吊脚架空层建筑面积按顶板水平投影计算。

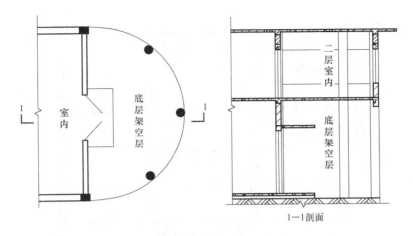

图 2-15　建筑物底层架空层

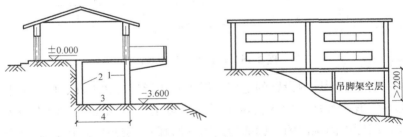

图 2-16　建筑物吊脚架空层示意图　　　图 2-17　建筑物坡地吊脚
1—柱；2—墙；3—吊脚架空层；　　　　　　架空层示意图
4—计算建筑面积部位

（4）顶板水平投影面积是指架空层结构顶板的水平投影面积，不包括架空层主体结构外的阳台、空调板、通长水平挑板等外挑部分。

8. 建筑物的门厅、大厅应按一层计算建筑面积

门厅、大厅内设置的走廊应按走廊结构底板水平投影面积计算建筑面积。结构层高在 2.20m 及以上的，应计算全面积；结构层高在 2.20m 以下的，应计算 1/2 面积，如图 2-18 所示。

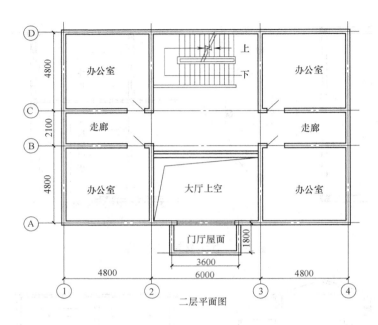

图 2-18 建筑物大厅示意图

门厅、大厅内设置的走廊（回廊）是指建筑物大厅、门厅的上部（一般该大厅、门厅占两个或两个以上建筑物层高）四周向大厅、门厅中间挑出的走廊称为走廊（回廊）。结构层高在 2.20m 以下的，应计算 1/2 面积，是指走廊（回廊）结构层高可能出现的情况。

宾馆、大会堂、教学楼等大楼内的门厅或大厅，往往要占建筑物的二层或二层以上的层高，这时也只能计算一层面积。大厅内的楼梯按室内楼梯计算规则计算，大厅的建筑面积与室内楼梯的建筑面积不能重复计算。

9. 建筑物间的架空走廊的面积计算

有顶盖和围护结构的，应按其围护结构外围水平面积计算全面积；无围护结构但有围护设施的，应按其结构底板水平面积计算 1/2 面积。有顶盖和围护结构的架空走廊如图 2-19 所示；有顶盖无围护结构有围护设施的架空走廊如图 2-20（a）所示；无顶盖有围护设施的架空走廊如图 2-20（b）所示。

图 2-19 有顶盖和围护结构的架空走廊示意图

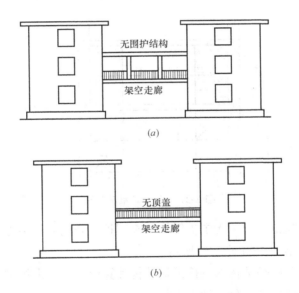

图 2-20 无围护结构有围护设施的架空走廊示意图

（1）规范规定有顶盖和围护结构的架空走廊计算全面积，有围护结构的一般都有顶盖，与原规范相比本质含义未发生变化。

（2）架空走廊建筑面积计算分为两种情况：一是有围护结构且有顶盖，计算全面积；二是无围护结构但有围护设施，无论是否有顶盖,均计算 1/2 面积。有围护结构的,按围护结构计算面积;无围护结构的,按底板计算面积。

(3) 由于架空走廊存在无盖的情况,有时无法计算结构层高,故规范中不考虑层高的因素。

10. 立体书库、立体仓库、立体车库的面积计算

有围护结构的,应按其围护结构外围水平面积计算建筑面积;无围护结构但有围护设施的,应按其结构底板水平投影面积计算建筑面积。无结构层的应按一层计算,有结构层的应按其结构层面积分别计算。结构层高在 2.20m 及以上的,应计算全面积;结构层高在 2.20m 以下的,应计算 1/2 面积,如图 2-21 所示。

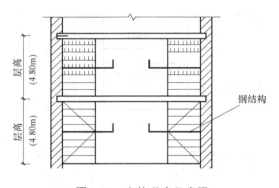

图 2-21 立体书库示意图

(1) 规范增加了无围护结构、有围护设施的立体书库、立体仓库、立体车库,如图 2-22 所示。

(2) 有围护结构的,按围护结构计算面积;无围护结构的,按底板(包括墙体部分)计算面积。

(3) 立体车库、立体仓库、立体书库有围护结构和有围护设施的,均按结构层计算面积,应区分不同的结构层高,确定建筑面积计算的范围。结构层是指"整体结构体系中承重的楼板层",特指整体结构体系中承重的楼层,包括板、梁等构件,而非局部结构起承重作用的分隔层。结构层承受整个楼层的全部荷载,并对楼层的

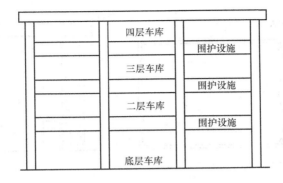

图 2-22　无围护结构、有围护设施的立体车库

隔声、防火等起主要作用。

（4）起局部分隔、存储等作用的书库中的立体书架、仓库中的立体货架或可升降的立体钢结构停车层（立体车库中的升降设备）均不属于结构层，故该部分分层不计算建筑面积，仓库中的立体货架如图 2-23 所示。

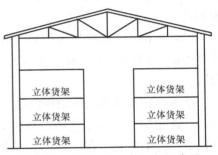

图 2-23　仓库中的立体货架示意图

11. 有围护结构的舞台灯光控制室的面积计算

应按其围护结构外围水平面积计算，结构层高在 2.20m 及以上的，应计算全面积；结构层高在 2.20m 以下的，应计算 1/2 面积，如图 2-24 所示。

如果舞台灯光控制室有围护结构且只有一层，那么就不能另外计算面积。因为整个舞台的面积计算已经包含了该灯光控制室的面积。计算舞台灯光控制室面积时，应包括墙体部分面积。

12. 附属在建筑物外墙的落地橱窗的面积计算

应按其围护结构外围水平面积计算，结构层高在 2.20m 及以

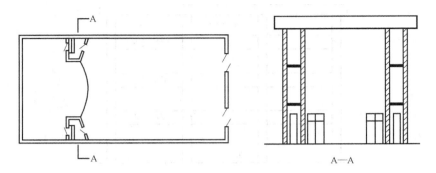

图 2-24　舞台灯光控制室示意图

上的，应计算全面积；结构层高在 2.20m 以下的，应计算 1/2 面积。

（1）规范对于落地橱窗的界定有所调整，由原规范中"建筑物外有围护结构的落地橱窗"调整为"附属在建筑物外墙的落地橱窗"。

橱窗有在建筑物主体结构内的，有在主体结构外的，如图2-25所示。在建筑物主体结构内的橱窗，其建筑面积随自然层一起计算，不执行本条款。在建筑物主体结构外的橱窗，属于建筑物的附属结构，"附属在建筑物外墙"明确体现了这个含义。"落地"系指该橱窗下设置有基础。由于"附属在建筑物外墙的落地橱窗"的顶板、底板标高不一定与自然层的划分相一致。故此条单列，未随自然层一起规定。

图 2-25　主体结构内外橱窗示意图

（2）本条仅适用于"落地橱窗"。如橱窗无基础，为悬挑式时，按凸（飘）窗的规定计算建筑面积。

13. 凸（飘）窗的面积计算

窗台与室内楼地面高差在 0.45m 以下且结构净高在 2.10m 及以上的凸（飘）窗，应按其围护结构外围水平面积计算 1/2 面积。

（1）本条与《住宅设计规范》统一，利用假凸窗赠送面积被进一步限制。目前俗称的凸窗或飘窗，从外立面上看主要有两类：间断式、连续式，如图 2-26 所示。

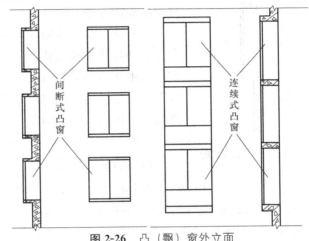

图 2-26 凸（飘）窗外立面

从室内看，也分两类（见图 2-27）：一类是凸（飘）窗地面与室内地面同标高，如图 2-27（a）所示；另一类是凸（飘）窗与室内地面有高差，如图 2-27（b）、（c）所示。有高差时，高差可能在 0.45m 以上，也可能在 0.45m 以下。

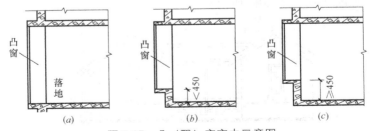

图 2-27 凸（飘）窗室内示意图

（a）无高差；（b）高差 0.45m 以下；（c）高差 0.45m 以上

（2）飘窗一般是指为采光和美化造型而设置的凸出外墙的窗，是指高差在 0.45m 及以上的情形，规范规定不计算建筑面积。

（3）但无高差或高差在 0.45m 以下的，凸（飘）窗实际上具备了一定的使用功能，规范规定计算 1/2 建筑面积。

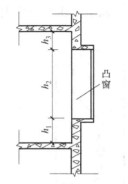

图 2-28 凸（飘）窗示意图

（4）规范规定的高差是指结构高差。结构高差取 0.45m，是基于设计规范的原则取定。

（5）凸（飘）窗须同时满足两个条件方能计算建筑面积：一是窗台与室内楼地面结构高差（h_1）在 0.45m 以下，二是结构净高（h_2）在 2.10m 及以上，如图 2-28 所示。

当 $h_1 > 0.45m$，$h_2 < 2.1m$，两个条件均不满足，该凸（飘）窗不计算建筑面积；当 $h_1 > 0.45m$，$h_2 \geq 2.1m$，一个条件不满足，该凸（飘）窗不计算建筑面积；当 $h_1 < 0.45m$，$h_2 < 2.1m$，一个条件不满足，该凸（飘）窗不计算建筑面积；当 $h_1 < 0.45m$，$h_2 \geq 2.1m$，两个条件均满足，该凸（飘）窗计算建筑面积。

14. 有围护设施的室外走廊（挑廊）的面积计算

应按其结构底板水平投影面积计算 1/2 面积；有围护设施（或柱）的檐廊，应按其围护设施（或柱）外围水平面积计算 1/2 面积，如图 2-29、图 2-30 所示。

图 2-29 外走廊、檐廊示意图

（1）底层无围护设施但有柱的室外走廊可参照檐廊的规则计算建筑面积。无论室外走廊（包括挑廊）、檐廊，除了必须有地面结构外，还必须有栏杆、栏板等围护设施或柱，这两个条件缺一不

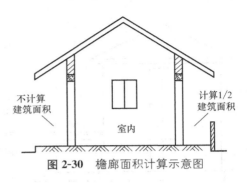

不计算建筑面积

计算1/2建筑面积

室内

图 2-30 檐廊面积计算示意图

可，缺少任何一个条件都不计算建筑面积。

图 2-31（a）中一层部分虽无栏杆、栏板等围护设施，但有柱、有地面结构，按檐廊的规则计算建筑面积。图 2-31（b）一层部分无栏杆、栏板，也无柱，不属于室外走廊，不计算建筑面积。

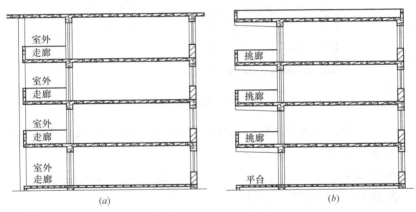

室外走廊

室外走廊

室外走廊

室外走廊

(a)

挑廊

挑廊

挑廊

平台

(b)

图 2-31 室外走廊（挑廊）

（2）室外走廊（挑廊）、檐廊虽然都算 1/2 面积，但取定的计算部位不同：室外走廊（挑廊）按结构底板计算；檐廊由尺寸不定的屋檐或挑檐作为顶盖，按围护设施（或柱）外围计算。

15. 门斗的面积计算

应按其围护结构外围水平面积计算建筑面积，结构层高在 2.20m 及以上的，应计算全面积；结构层高在 2.20m 以下的，应

图 2-32 外门斗示意图

计算 1/2 面积，如图 2-32 所示。

16. 雨篷的面积计算

应按其顶板的水平投影面积的 1/2 计算建筑面积；有柱雨篷应按其结构板水平投影面积的 1/2 计算建筑面积；无柱雨篷的结构外边线至外墙结构外边线的宽度在 2.10m 及以上的，应按雨篷结构板的水平投影面积的 1/2 计算，如图 2-33 所示。

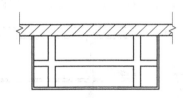 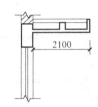

图 2-33 雨篷示意图

（1）有柱雨篷和无柱雨篷计算规则不同。雨篷分为有柱雨篷和无柱雨篷，有柱雨篷，没有出挑宽度的限制，也不受跨越层数的限制，均计算面积。无柱雨篷，其结构不能跨层，并受出挑宽度的限制，设计出挑宽度大于等于 2.10m 时才计算建筑面积。出挑宽度，系指雨篷结构外边线至外墙结构外边线的宽度在

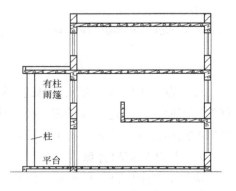

图 2-34 有柱雨篷顶板跨层

2.10m 及以上的宽度，弧形或异形时，取最大宽度。

有柱雨篷不受跨越层数的限制，均可计算建筑面积，如图 2-34 所示，有柱雨篷顶板跨层达到二层顶板标高处，仍可计算建筑面积。

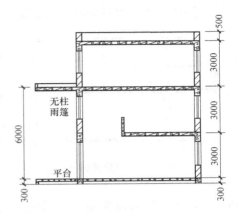

无柱雨篷，其结构顶板不能跨层。如顶板跨层，则不计算建筑面积，如图 2-35 所示。

图 2-35　无柱雨篷顶板跨层

（2）不单独设立顶盖，利用上层结构板（如楼板、阳台底板）进行遮挡，不视为雨篷，不计算建筑面积，如图 2-36 所示。

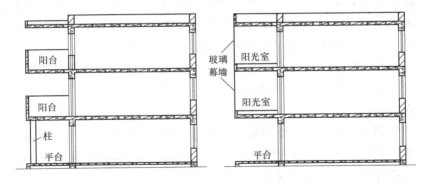

图 2-36　利用上层结构板进行遮挡示意图

（3）混合情况的判断：

判断原则 A：根据不重算的原则，当一个附属的建筑部件具备两个或两个以上功能，且计算的建筑面积不同时，只计算一次建筑面积，且取较大的面积。

判断原则 B：当附属的建筑部件按不同方法判断所计算的建筑面积不同时，按计算结果较大的方法进行判断。

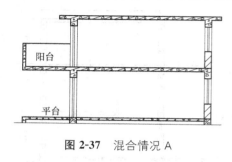

图 2-37 混合情况 A

1）如图 2-37 所示。正确判断方法：二层部位为阳台，按底板计算 1/2 建筑面积；一层出入口部位，利用上层阳台底板进行遮挡，不视为雨篷，不计算建筑面积。

假设从另一个角度判断：一层出入口部位为雨篷，当挑出宽度在 2.10m 及以上时，按顶盖计算 1/2 建筑面积；当挑出宽度在 2.10m 以下时，不计算建筑面积；二层部位属于雨篷上的露台不计算建筑面积。故此判断方法可能计算 1/2 建筑面积或不计算面积。

两种判断方法，如挑出宽度在 2.10m 及以上时，均计算 1/2 建筑面积，结果一致，如挑出宽度在 2.10m 以下时，正确的判断方法计算 1/2 建筑面积，另一个判断方法不计算面积，根据判断原则 B，仍应选定正确的判断方法计算 1/2 建筑面积。

2）如图 2-38 所示。正确判断方法：下部为有柱雨篷，按顶盖计算 1/2 建筑面积，上部为雨篷上设置的露台，露台不计算建筑面积。

假设从另一个角度判断：上部为阳台，按底板计算 1/2 建筑面积，下部利用上层阳台底板进行遮挡，不视为雨篷，不计算建筑面积。

两种判断方法结果一致，按结构板计算 1/2 建筑面积即可。

3）如图 2-39 所示。

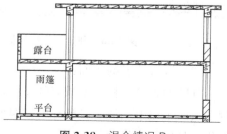

图 2-38 混合情况 B

首先第三层里侧部分为屋面上的露台，外侧阳台正上方部分是屋面的延伸，也应属于屋面上的露台，两部分均不计算建筑面积。

然后我们看下面两层。正确判断方法：第二层处为主体结构内的阳台，按结构外围计算全面积，底层利用上层阳台底板进行遮挡，不视为雨篷，不计算建筑面积，故应按第二层结构外围计算全面积。

假设从另一个角度判断：底层为有柱雨篷，按顶盖计算 1/2 建筑面积；第二层处为主体结构内的阳台，按结构外围计算全面积。根据判断原则 A，一个建筑部件只计算一次面积，并取大者，故应按第二层结构外围计算全面积。

两种判断方法结果一致，按第二层结构外围计算全面积。

17. 设在建筑物顶部的、有围护结构的楼梯间、水箱间、电梯机房等的面积计算

结构层高在 2.20m 及以上的应计算全面积；结构层高在 2.20m 以下的，应计算 1/2 面积，如图 2-40 所示。

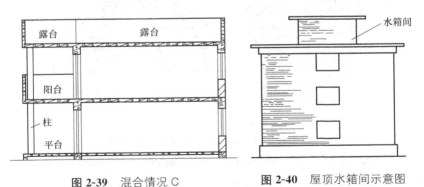

图 2-39　混合情况 C　　　　图 2-40　屋顶水箱间示意图

如遇建筑物屋顶的楼梯间是坡屋顶时，应按坡屋顶的相关规定计算面积。单独放在建筑物屋顶上没有围护结构的混凝土水箱或钢板水箱，不计算面积。

目前建筑物屋顶上的装饰性结构构件（即屋顶造型），各种材质均有，且形式各异。除了本条款规定的"楼梯间、水箱间、电梯机房"以外，屋顶上的建筑部件属于建筑空间的可以计算建筑面积，不属于建筑空间的则归为屋顶造型，不计算建筑面积。

18. 围护结构不垂直于水平面的楼层面积计算

应按其底板面的外墙外围水平面积计算。结构净高在 2.10m 及以上的部位，应计算全面积；结构净高在 1.20m 及以上至 2.10m 以下的部位，应计算 1/2 面积；结构净高在 1.20m 以下的部位，不应计算面积。

（1）围护结构不垂直于水平面的，向外、向内倾斜的都适用于本条款，如图 2-41（a）、（b）所示。在划分高度上，本条使用的是"净高"，与其他正常平楼层按层高划分不同，但与斜屋面的划分原则相一致。由于目前很多建筑设计追求新、奇、特，造型越来越复杂，很多时候我们根本无法明确区分什么是围护结构，什么是屋顶，因此规范中对于斜围护结构与斜屋顶采用相同的计算规则，即只要外壳倾斜，就按净高划段，分别计算建筑面积。

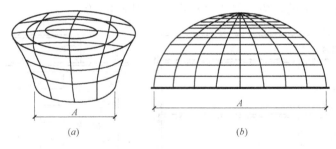

（a）　　　　　　　　　　　　（b）

图 2-41　围护结构不垂直建筑物示意图

（a）超出地板外沿外倾斜的围护结构；（b）不超出地板外沿内倾斜的围护结构

但是要注意，因为围护结构本身是应计算建筑面积的，如果我们认定是斜围护结构时，围护结构本身应计算建筑面积，而如果认定是斜屋顶时，屋面结构不计算建筑面积。因此虽然有时很难对二者明确区分，但为了统一计算的原则，对于围护结构向内倾斜的情况作如下划分：

1）多（高）层建筑物顶层，楼板以上部位的外侧均视为屋顶，按坡屋顶计算规则计算建筑面积，如图 2-42 所示。

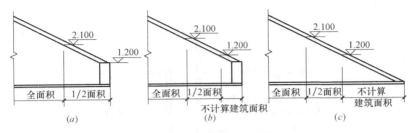

图 2-42 多（高）层建筑物顶层斜屋面示意图

2）建筑物其他层，倾斜部位均视为斜围护结构，底板面处的围护结构应计算全面积。如图 2-43 所示。

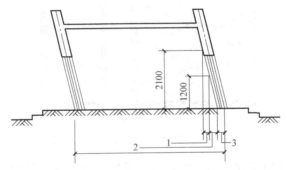

图 2-43 单层建筑物斜围护结构示意图

1—计算 1/2 面积；2—不计算建筑面积；3—计算建筑面积

（2）本条款计算规则比较复杂，按"底板面的外墙外围水平面积"计算建筑面积，这是由于围护结构不垂直；可能向内倾斜，也可能向外倾斜，各个标高处的外墙外围水平面积可能是不同的，因此，规范取定为结构底板处的外墙外围水平面积。

19. 建筑物内的室内楼梯、电梯井、提物井、管道井、通风排气竖井、烟道的面积计算

应并入建筑物的自然层计算建筑面积，如图 2-44 所示。有顶盖的采光井应按一层计算建筑面积，结构净高在 2.10m 及以上的，应计算全面积；结构净高在 2.10m 以下的，应计算 1/2 面积，如图 2-45 所示。

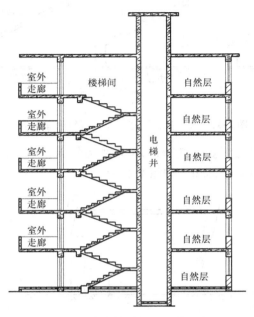

图 2-44 室内楼梯间电梯井示意图

（1）室内楼梯包括形成井道的楼梯（即室内楼梯间）和没有形成井道的楼梯（即室内楼梯），明确了没有形成井道的室内楼梯也应该计算建筑面积。例如，建筑物大堂内的楼梯、跃层（或复式）住宅的室内楼梯等应计算建筑面积，如图 2-46、图 2-47 所示。

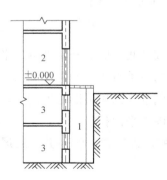

图 2-45 有顶盖的采光井示意图
1—采光井；2—室内；3—地下室

（2）室内楼梯间并入建筑物自然层计算建筑面积。例如，地上 23 层、地下 2 层，故楼梯间按 25 层计算建筑面积。建筑物顶部的楼梯间另按建筑物顶部的楼梯间面积计算规定计算建筑面积。

图 2-46　建筑物大堂内的楼梯　　　图 2-47　跃层住宅室内楼梯

（3）未形成楼梯间的室内楼梯按楼梯水平投影面积计算建筑面积。

（4）跃层和复式房屋的室内公共楼梯间：室内楼梯间若遇跃层建筑，其共用的室内楼梯应按自然层计算面积，普通跃层房屋按两个自然层计算；复式房屋按一个自然层计算。跃层房屋是指房屋占有上下两个自然层，卧室、起居室、客厅、卫生间、厨房及其他辅助用房分层布置。复式房屋在概念上是一个自然层，但层高较普通的房屋高，在局部掏出夹层，安排卧室或书房等内容。

（5）根据以上解释，室内楼梯应计算建筑面积。应注意：如图纸中画出了楼梯，无论是否用户自理，均按楼梯水平投影面积计算建筑面积；如图纸中未画出楼梯，仅以洞口符号表示，则计算建筑面积时不扣除该洞口面积。

（6）当室内公共楼梯间两侧自然层数不同时，上下错层户室共用的室内楼梯，应选上一层的自然层计算面积，以楼层多的层数计算，如图 2-48 所示，楼梯间应计算 6 个自然层建筑面积。

（7）建筑物的楼梯间层数按建筑物的层数计算，一般情况下，上述室内楼梯间等面积包括在各建筑物的自然层数内，不需单独计算。设备管道层，尽管通常设计描述的层数中不包括，但在计算楼

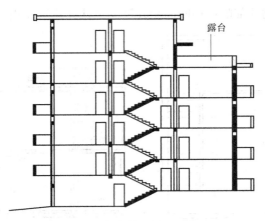

露台

图 2-48 户室错层剖面示意图

梯间建筑面积时，应算 1 个自然层。利用室内楼梯下部的建筑空间不重复计算建筑面积。例如，利用梯段下方作卫生间或库房时，该卫生间或库房不另计算建筑面积。

（8）井道（包括电梯井、提物井、管道井、通风排气竖井、烟道），不论在建筑物内外，均按自然层计算建筑面积，如附墙烟道。但独立烟道不计算建筑面积。

（9）井道（包括室内楼梯、电梯井、提物井、管道井、通风排气竖井、烟道）按建筑物的自然层计算建筑面积。如自然层结构层高在 2.20m 以下，楼层本身计算 1/2 面积时，相应的井道也应计算 1/2 面积。

（10）有顶盖的采光井包括建筑物中的采光井和地下室采光井，不论多深、采光多少层，均只计算一层建筑面积。无顶盖的采光井不计算建筑面积。

地下室采光井、通风井，以往均不计算建筑面积。规划阶段地下室面积应适当考虑此部分面积的比例。

20. 室外楼梯的面积计算

应并入所依附建筑物自然层，并应按其水平投影面积的 1/2 计算建筑面积。室外楼梯如图 2-49 所示。

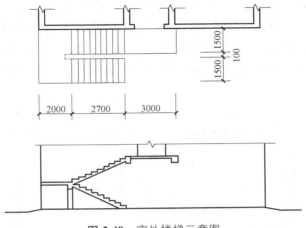

图 2-49　室外楼梯示意图

（1）室外楼梯作为连接建筑物层与层之间交通不可缺少的基本部件，无论从其功能，还是工程计价的要求来说，均需计算建筑面积。规范取消了室外楼梯计算建筑面积要有永久性顶盖的条件，室外楼梯无论是否有盖均应计算建筑面积。

（2）本条中的"自然层"是指所依附建筑物的自然层，层数为室外楼梯所依附的主体建筑物的楼层数，即梯段部分垂直投影到建筑物范围的层数。这里需要注意的是，层数的判断方法为"梯段部分投影到建筑物范围的层数"，即将梯段部分向主体建筑物墙面进行垂直投影，投影覆盖几个层高，就计算几个自然层。如图 2-49 中，梯段投影到主体建筑物只覆盖了 1 个层高（顶盖不考虑），因此室外楼梯所依附的建筑物自然层数为 1 层，不应理解为"上到 2 层，依附 2 层"。

（3）利用室外楼梯下部的建筑空间不得重复计算建筑面积；利用地势砌筑的为室外踏步，不计算建筑面积。

21. 在主体结构内的阳台面积计算

应按其结构外围水平面积计算全面积；在主体结构外的阳台，应按其结构底板水平投影面积计算 1/2 面积。

（1）规范将阳台划分为主体结构内的阳台和主体结构外的阳台两类，其建筑面积计算不同：主体结构内的阳台计算全面积。将房间改为假阳台"偷面积"的办法行不通了。主体结构外的阳台计算1/2面积。主体结构内（凹）外（挑）阳台如图2-50所示。

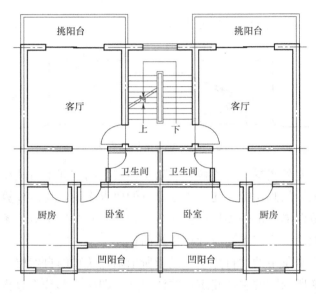

图 2-50 主体结构内外阳台示意图

（2）建筑物的阳台，不论其形式如何，均以建筑物主体结构为界分别计算建筑面积。主体结构是指接受、承担和传递建筑工程所有上部荷载的承重墙和柱，维持上部结构整体性、稳定性和安全性的有机联系的构造柱等。有柱（墙）阳台按柱外围计算全面积；独立柱阳台面积按1/2计算。主体结构内外阳台如图2-51所示。

以往我们判断建筑面积时，基本都是依据建筑平、立、剖面图，但为了判断主体结构，有时我们也要结合结构图纸一起判断。主体结构按如下原则进行判断：

1）**砖混结构**：通常以外墙（即围护结构，包括墙、门、窗）来判断，外墙以内为主体结构内，外墙以外为主体结构外。

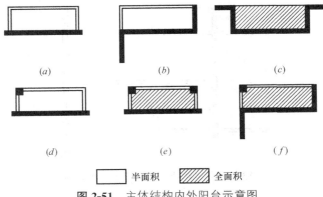

图 2-51　主体结构内外阳台示意图

2) 框架结构：柱梁体系之内为主体结构内，柱梁体系之外为主体结构外。

3) 剪力墙结构：要根据具体情况确定。

① 如阳台在剪力墙包围之内，则属于主体结构内，应计算全面积，如图 2-52 所示。

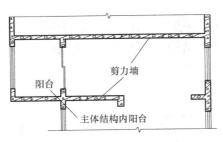

图 2-52　阳台在剪力墙包围之内平面图

② 如相对两侧均为剪力墙时，也属于主体结构内，应计算全面积，如图 2-53 所示。

③ 如相对两侧仅一侧为剪力墙时，属于主体结构外，计算一半面积，如图 2-51 (b) 所示。

④ 如相对两侧均无剪力墙时，属于主体结构外，计算半面积，如图 2-54 所示。

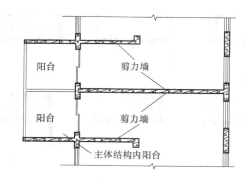

图 2-53 阳台相对两侧均为剪力墙时平面图

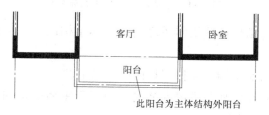

图 2-54 阳台相对两侧均无剪力墙时平面图

（3）阳台处剪力墙与框架混合时，分两种情况：

① 角柱为受力结构，根基落地，则阳台为主体结构内，计算全面积，如图 2-55 所示。

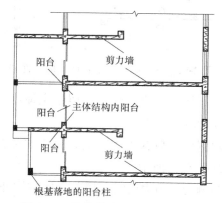

图 2-55 根基落地的阳台柱平面图

② 角柱仅为造型，无根基，则阳台为主体结构外，计算 1/2 面积，如图 2-56 所示。

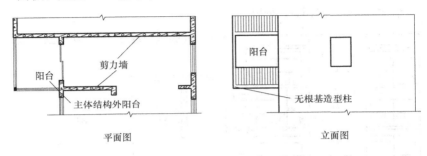

平面图　　　　　　　　　　　　　　立面图

图 2-56　无根基装饰造型的阳台柱平面图

（4）顶盖不再是判断阳台的必备条件，即无论有盖无盖，只要满足阳台的三个主要属性（①附设于建筑物外墙的建筑部件；②应有栏杆、栏板等围护设施或窗；③可供人活动的室外空间），都应归为阳台，如图 2-57 所示。

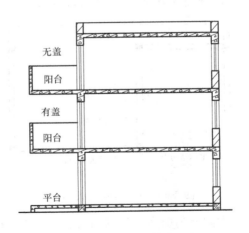

图 2-57　有盖与无盖的阳台

（5）无论上下层之间是否对齐，只要满足阳台的三个主要属性，也应归为阳台，如图 2-58 所示。

（6）阳台的其他几种典型情况：

1）图 2-59 中两个阳台都应视为由剪力墙包围的阳台，属于主体结构内阳台，计算全面积。

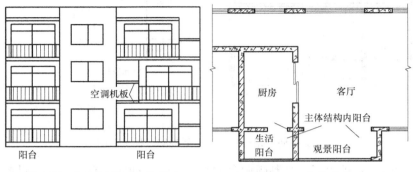

图 2-58 上下层不对齐的阳台   图 2-59 属于主体结构内阳台

2）图 2-60 中阳台一部分在主体结构内，一部分在主体结构外，应分别计算建筑面积。以柱外侧为界，里面部分属于主体结构内，计算全面积；外面部分属于主体结构外，计算 1/2 面积。

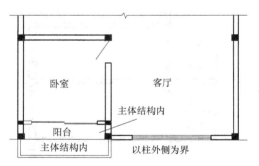

图 2-60 主体结构内外阳台

3）图 2-61 中阳台为剪力墙包围的情况，属于主体结构内，应计算全面积。外面部分虽然设计为花槽，但与阳台间有推拉门，该花槽与室内相连通，具备使用功能，且满足阳台的三个主要属性，故应视为阳台，计算 1/2 面积（如花槽与阳台不相连通，则不应计算建筑面积）。

4）图 2-62 中结构底板上有两个用途，栏杆围护起来的部分为阳台，栏杆外部（图中左侧）为设备平台。按规定，阳台应计算 1/2 面积，但设备平台不与阳台相连通，不计算建筑面积。

计算阳台建筑面积时，前端按结构底板外边线取定，左侧以栏杆外边线为界。栏杆左侧的设备平台不计算建筑面积。

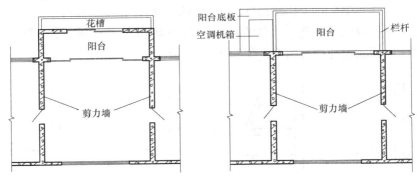

图 2-61　带花槽阳台　　　图 2-62　阳台结构底板上有两个用途

5）图 2-63 中标注为"空中花园"的部分，根据阳台的判断原则，属于主体结构内，无论是否封闭，均应计算全面积。其他工程中，如发生类似入户花园等的情况，也按阳台的原则进行判断。

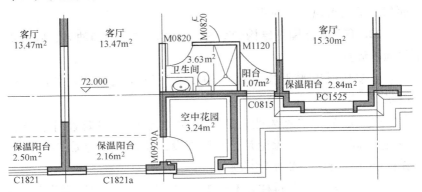

图 2-63　阳台标注为空中花园

（7）综上所述，我们可以看出，判断阳台是在主体结构内还是在主体结构外，与以下四个方面无关：

1）阳台与室内空间之间是否有隔断。

2）阳台是否封闭。

3）阳台是否采暖。

4）保温层做在哪里。

（8）阳台在主体结构外时，按结构底板计算建筑面积，此时无论围护设施是否垂直于水平面，都按结构底板计算建筑面积，同时应包括底板处凸出的檐，如图 2-64 所示。

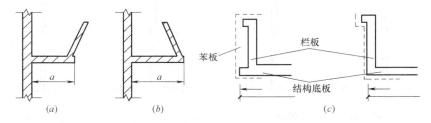

图 2-64 阳台结构底板计算尺寸示意图

（9）如自然层结构层高在 2.20m 以下时，主体结构内的阳台随楼层一样，均计算 1/2 面积；但主体结构外的阳台，仍计算 1/2 面积，不应出现 1/4 面积。

22. 有顶盖无围护结构的车棚、货棚、站台、加油站、收费站等面积计算

应按其顶盖水平投影面积的 1/2 计算建筑面积，如图 2-65 所示。

（1）规范将"永久性顶盖"改为"顶盖"，只要设计有顶盖（不包括漏空顶盖），无论是已有详细设计还是标注为需二次设计，无论是什么材质，都视为有顶盖。

（2）不分单、双排柱，不分矩形柱、异形柱，均按顶盖水平投影面积的 1/2 计算建筑面积。

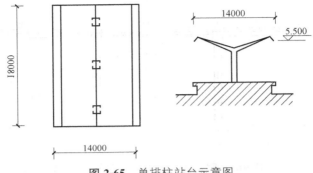

图 2-65 单排柱站台示意图

（3）顶盖下有其他能计算建筑面积的建筑物时，仍按顶盖水平投影面积计算 1/2 面积。在车棚、货棚、站台、加油站、收费站内设有带围护结构的管理房间、休息室等，应另按有关规定计算面积。

图 2-66 所示加油站下方有建筑物，其面积仍按长×宽的 1/2 计算，建筑物另行计算建筑面积。

图 2-66 加油站下方有建筑物

23. 以幕墙作为围护结构的建筑物面积计算

应按幕墙外边线计算建筑面积。设置在建筑物墙体外起装饰作用的幕墙，不计算建筑面积。

幕墙可以分为围护性幕墙和装饰性幕墙，如图 2-67 所示。

围护性幕墙是直接作为外墙起围护作用的幕墙。装饰性幕墙是设置在建筑物墙体外起装饰作用的幕墙。

智能呼吸式玻璃幕墙，是两层幕墙及两层幕墙之间的空间共同构成的外墙结构，因此，应以外层幕墙外边线计算建筑面积，如图 2-68 所示。

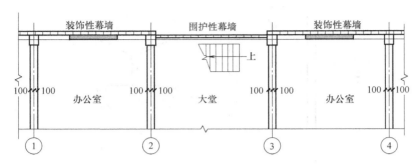

图 2-67 围护性幕墙与装饰性幕墙示意图

24. 建筑物的外墙外保温层面积计算

应按其保温材料的水平截面积计算，并入自然层建筑面积。

（1）建筑物的外墙外保温层的建筑面积计算复杂，规范计算方法力求简化，即建筑物的建筑面积先按外墙结构计算，外保温层的建筑面积另行计算，并计入建筑面积。

（2）保温隔热层的建筑面积是以保温隔热材料的厚度来计算的，仅计算保温材料本身（例如，外贴苯板时，仅苯板本身算保温材料），不包含抹灰层、防潮层、保护层（墙）的厚度。抹灰层、防水（潮）层、粘结层（空气层）及保护层（墙）等均不计入建筑面积，如图 2-69 所示。

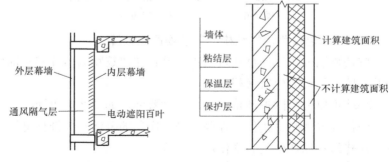

图 2-68 智能呼吸式玻璃幕墙　　图 2-69 墙外保温层计算厚度示意图

（3）计算方法上，不再按"保温隔热层外边线"计算，改为按

"保温材料的净厚度乘以外墙结构外边线长度"单独计算。

　　建筑物的外墙外侧有保温隔热层的，保温隔热层以保温材料的净厚度乘以外墙结构外边线长度按建筑物的自然层计算建筑面积，其外墙外边线长度不扣除门窗和建筑物外已计算建筑面积的构件（如阳台、室外走廊、门斗、落地橱窗等部件）所占长度。当建筑物外已计算建筑面积的构件（如阳台、室外走廊、门斗、落地橱窗等部件）有保温隔热层时，其保温隔热层也不再计算建筑面积。图2-70中标出了外墙结构外边线（即保温层的计算长度）。外墙是斜面者按楼面楼板处的外墙外边线长度乘以保温材料净厚度计算。

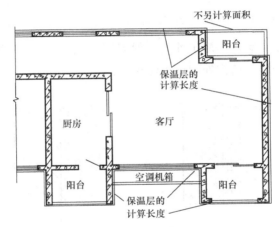

图 2-70　外墙外保温计算长度示意图

　　（4）"保温材料的水平截面积"是针对保温材料垂直放置的状态而言的，是按照保温材料本身厚度计算的。当围护结构不垂直于水平面时，仍应按保温材料本身厚度计算，而不是斜厚度，如图2-71所示。

　　（5）外保温层计算建筑面积是以沿高度方向满铺为准，某外墙外保温铺设高度未达到全部高度时（不包括阳台、室外走廊、门斗、落地橱窗、雨篷、飘窗等），不计算建筑面积。如地下室等外保温层铺设高度未达到楼层全部高度时，保温层不计算建筑面积。

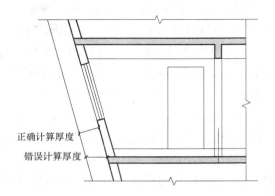

图 2-71 围护结构不垂直于水平面时外墙外保温计算厚度示意图

（6）复合墙体不属于外墙外保温层（见图 2-72），整体视为外墙结构，按建筑结构外围计算建筑面积。

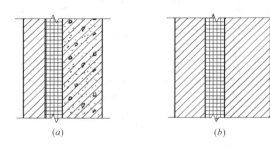

图 2-72 复合墙体示意图

（a）砌体与混凝土墙夹保温板；（b）两侧砌体夹保温板

25. 与室内相通的变形缝面积计算

应按其自然层合并在建筑物建筑面积内计算，如图 2-73 所示。与建筑物相通的变形缝，是指暴露在建筑物内，在建筑物内可以看得见的变形缝。对于高低联跨的建筑物，当高低跨内部连通时，其变形缝应计算在低跨面积内，如图 2-74 所示。

（1）变形缝是"防止建筑物在某些因素作用下引起开裂甚至破

坏而预留的构造缝"，是伸缩缝（温度缝）、沉降缝和抗震缝的总称。

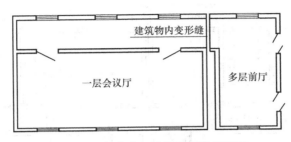

图 2-73　与室内相通的变形缝示意图

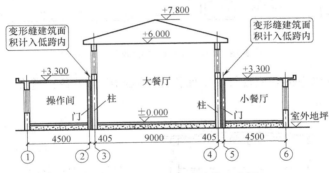

图 2-74　高低联跨的建筑物示意图

（2）与室内不相通的变形缝不计算建筑面积，如图 2-75 所示。

（3）与室内相通的变形缝，是指暴露在建筑物内，在建筑物内可以看得见的变形缝，应计算建筑面积。

（4）高低联跨的建筑物，当高低跨内部不相连通时，其变形缝不计算建筑面积。

（5）高低联跨的建筑物，当高低跨内部连通或局部连通时，其连通部分变形缝的面积计算在低跨面积内。

26. 对于建筑物内的设备层、管道层、避难层等有结构层的楼层面积计算

结构层高在 2.20m 及以上的，应计算全面积；结构层高在

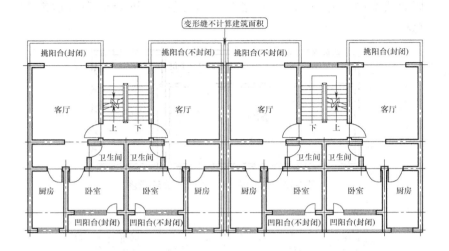

图 2-75 与室内不相通的变形缝示意图

2.20m 以下的，应计算 1/2 面积。建筑物内的设备管道夹层，如图 2-76 所示。

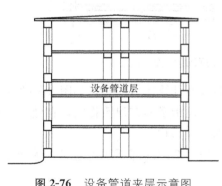

图 2-76 设备管道夹层示意图

（1）高层建筑的宾馆、写字楼等，通常在建筑物高度的中间部分设置设备及管道的夹层，主要用于集中放置水、暖、电、通风管道及设备。这一设备管道层应计算建筑面积。设备层、管道层虽然其具体功能与普通楼层不同，但在结构上及施工消耗上并无本质区别，且规范定义自然层为"按楼地面结构分层的楼层"。因此，设备层管道层也归为自然层，其计算规则与普通楼层相同。

（2）在吊顶空间内设置管道及检修马道的，吊顶空间部分不能被视为设备层、管道层，不计算建筑面积，如图 2-77 所示。

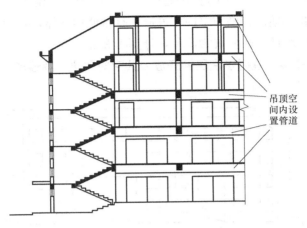

图 2-77 吊顶空间内设置管道夹层示意图

二、不计算建筑面积的范围

下列项目不应计算面积：

1. 与建筑物内不相连通的建筑部件

本条指的是依附于建筑物外墙外不与户室开门连通，只起装饰作用的敞开式挑台（廊）、平台，以及不与阳台相通的空调室外机搁板（箱）等设备平台部件。

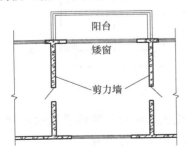

图 2-78　与建筑物内不相连通的阳台

（1）规范将"装饰性阳台、挑廊"扩大为"建筑部件"，范围更为宽泛。

（2）"与建筑物内不相连通"，是指没有正常的出入口。即：通过门进出的，视为"连通"，通过窗或栏杆等翻出去的，视为"不连通"。如图 2-78 所示，凸出的建筑部件与建筑物之间没有门，只有窗，因此属于"不连通"，不计算建筑面积。图 2-61 中的花槽能计算建筑面积，是由于该花槽与建筑物内相连通。花槽与室内相连通，具备使用功能，且满足阳台的三个主要属性，故应视为阳台，计算 1/2 面积。

2. 骑楼、过街楼底层的开放公共空间和建筑物通道

如图 2-79 所示。

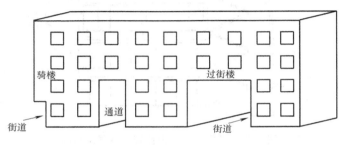

图 2-79 骑楼、过街楼、建筑物通道示意图

3. 舞台及后台悬挂幕布和布景的天桥、挑台等

如图 2-80 所示，本条指的是影剧院的舞台及为舞台服务的可供上人维修、悬挂幕布、布置灯光及布景等搭设的天桥和挑台等构件设施。

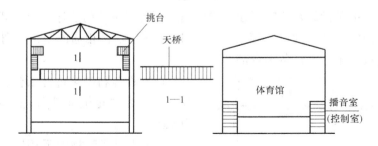

图 2-80 后台悬挂幕布和布景的天桥、挑台示意图

4. 露台、露天游泳池、花架、屋顶的水箱及装饰性结构构件

露台、花架、屋顶水箱、凉棚，如图 2-81 所示。

（1）露台须同时满足四个条件：一是位置，设置在屋面、地面或

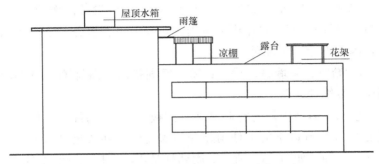

图 2-81 露台、花架、屋顶水箱、凉棚示意图

雨篷顶；二是可出入；三是有围护设施；四是无盖，如图 2-81 所示。

（2）露天游泳池分为室外游泳池和建筑物屋顶上游泳池，由于没有形成建筑空间，故不计算建筑面积。

（3）花架不分材料和设置位置，如室外室内，房前屋后，还是屋顶，属于漏空支架，均不计算建筑面积。

（4）屋顶的水箱不计算建筑面积，但屋顶的水箱间应计算建筑面积（属于建筑空间）。

（5）屋顶上的装饰性结构构件（即屋顶造型）由于没有形成建筑空间，故不计算建筑面积。

5. 建筑物内的操作平台、上料平台、安装箱和罐体的平台

如图 2-82 所示，建筑物内不构成结构层的操作平台、上料平

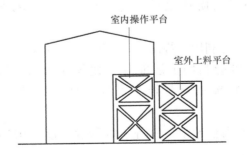

图 2-82 操作平台、上料平台示意图

台（包括工业厂房、搅拌站和料仓等建筑中的设备操作控制平台、上料平台等），其主要作用为室内构筑物或设备服务的独立上人设施，因此不计算建筑面积。

6. 勒脚、附墙柱、垛、台阶、墙面抹灰、装饰面、镶贴块料面层、装饰性幕墙

包括主体结构外的空调室外机搁板（箱）、构件、配件，挑出宽度在 2.10m 以下的无柱雨篷和顶盖高度达到或超过两个楼层的无柱雨篷等，如图 2-83 所示。附墙柱是指非结构性的装饰柱。

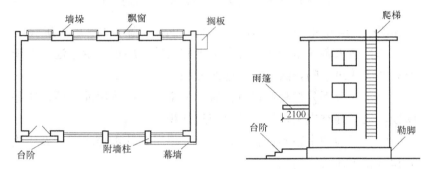

图 2-83 附墙柱、垛、台阶、幕墙、搁板、飘窗、勒脚、雨篷、爬梯示意图

（1）结构柱应计算建筑面积。不计算建筑面积的"附墙柱"是指非结构性装饰柱。

（2）台阶是"联系室内外地坪或同楼层不同标高而设置的阶梯形踏步"，室外台阶还包括与建筑物出入口连接处的平台，如图2-83所示。

1）台阶可能利用地势砌筑，如图 2-84 所示。

2）台阶可能利用下层能计算建筑面积的建筑物屋顶砌筑（但下层建筑物按本规范相应规定计算建筑面积），如图 2-85 所示。

3）台阶也可能架空，如图 2-86 所示，起点至终点的高度在一个自然层以内。

（3）由于楼梯是"楼层之间垂直交通"的建筑部件，故由起点至终点的高度达到该建筑物一个自然层及以上的称为楼梯。如图 2-87 所示，阶梯形踏步下部架空，起点至终点的高度达到一个自然层高，故应归为室外楼梯。

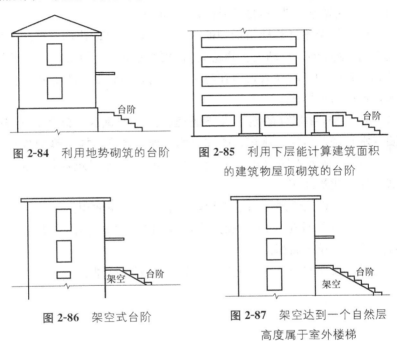

图 2-84　利用地势砌筑的台阶　　图 2-85　利用下层能计算建筑面积
　　　　　　　　　　　　　　　　　　的建筑物屋顶砌筑的台阶

图 2-86　架空式台阶　　　　　　图 2-87　架空达到一个自然层
　　　　　　　　　　　　　　　　　　　　高度属于室外楼梯

7. 凸（飘）窗

窗台与室内楼地面高差在 0.45m 以下且结构净高在 2.10m 以下的凸（飘）窗，窗台与室内楼地面高差在 0.45m 及以上的凸（飘）窗。

8. 室外爬梯、室外专用消防钢楼梯

如图 2-82 所示，规范将"用于"二字调整为"专用"二字，即专用的消防钢楼梯是不计算建筑面积的。因此，室外钢楼梯需要区分具体用途，如专用消防钢楼梯，则不计算建筑面积；当钢楼梯是建筑物唯一通道，并兼用于消防，则按室外楼梯相关规定计算建筑面积。

9. 无围护结构的观光电梯

（1）无围护结构的观光电梯是指电梯轿厢直接暴露，外侧无井壁，不计算建筑面积。如果观光电梯在电梯井内运行时（井壁不限材料），观光电梯井按自然层计算建筑面积。

（2）规范不计算建筑面积的内容中未提"自动扶梯、自动人行道"。自动扶梯、自动人行道应计算建筑面积。自动扶梯按自然层计算建筑面积。自动人行道在建筑物内时，建筑面积不应扣除自动人行道所占的面积。

10. 建筑物以外的地下人防通道，独立的烟囱、烟道、地沟、油（水）罐、气柜、水塔、贮油（水）池、贮仓、栈桥等构筑物

（1）"地下人防通道"无论是独立的还是与建筑物相连通的，都不计算建筑面积。

（2）地铁隧道属于市政工程，不能计算建筑面积。

（3）独立烟道属于构筑物，不计算建筑面积；但附墙烟道应按自然层计算建筑面积。

（4）独立贮油（水）池属于构筑物，不计算建筑面积。

第三部分
建筑面积计算规范应用图解

一、案例应用图解

[例3-1] 某住宅一层平面图如图3-1所示。计算该自然层建筑。

解：自然层外墙结构外围水平面积 $S=(11.10+0.24)\times(9.20+0.24)-1.80\times4.40=91.13m^2$

[例3-2] 某工程一层建筑平面图，如图3-2所示。计算其建筑面积。

解：建筑面积 $S=12.84\times10.44+$ 阳台部分 $1.98\times(4.44+4.14)/2-$ 平台部分 $[(0.12+4.20+2.30+0.12)\times(1.92-0.12)+(2.20-0.24)\times3.00]-$ 天井部分 $[(2.30-0.24)\times(4.20-0.24)+2.20\times(3.00-0.24)]=134.05+8.49-18.01-14.23=110.30m^2$

[例3-3] 某建筑物内设有局部楼层，平面图和剖面图如图3-3所示，假设局部楼层①、②、③层高均超过2.20m。计算该建筑物建筑面积。

解：首层建筑面积 $S_1=50.00\times10.00=500.00m^2$

有围护结构的局部楼层②建筑面积 $S_2=5.49\times3.49=19.16m^2$

无围护结构（有围护设施）的局部楼层③建筑面积 $S_3=(5.00+0.10)\times(3.00+0.10)=15.81m^2$

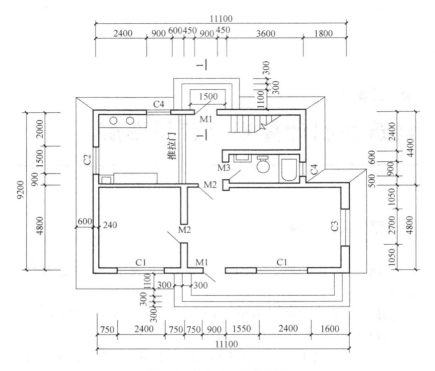

图 3-1 某住宅一层平面图

合计建筑面积：$S = 500.00 + 19.16 + 15.81 = 534.97 m^2$

通过上面的例题，我们可以看出，虽然都是计算全面积，但有、无围护结构取定的计算范围是不同的。有围护结构时，按"围护结构外围水平面积"计算，故②层应将外墙算进去；无围护结构时，按"结构底板水平面积"计算，故③层不应考虑外墙。

[例 3-4] 某坡屋面下建筑空间的净高和宽度尺寸如图 3-4 所示，建筑物长 50m。计算其建筑面积。

解：全面积部分：$S_1 = 50.00 \times (15.00 - 1.50 \times 2 - 1.00 \times 2) = 500.00 m^2$

1/2 面积部分：$S_2 = 50.00 \times 1.50 \times 2 \times 1/2 = 75.00 m^2$

合计建筑面积：$S = 500.00 + 75.00 = 575.00 m^2$

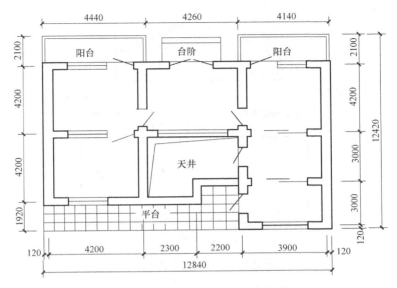

图 3-2　建筑平面图

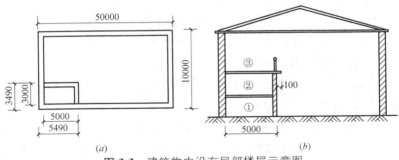

(a)

图 3-3　建筑物内设有局部楼层示意图

(a) 平面图；(b) 剖面图

[例 3-5]　某体育场馆看台局部的净高和长宽度尺寸如图 3-5 所示，看台总长 120m。计算其建筑面积。

解：建筑面积：$S=120.00 \times [1.50 \times 1/2 + (4.80 + 0.25)] = 696.00 \text{m}^2$

[例 3-6]　某地下室（包括出入口）平面图和剖面图，如图 3-

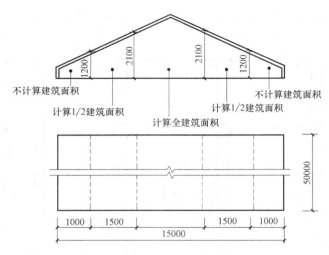

图 3-4 坡屋面下的建筑空间

6 所示。计算该工程的建筑面积。

解：地下室建筑面积 $S_1 = (5.10 + 2.10 + 5.10 + 0.24) \times (5.00 + 5.00 + 0.24) = 12.54 \times 10.24 = 128.41 \text{m}^2$

出入口建筑面积 $S_2 = 2.10 \times 0.80 + 6.00 \times 2.00 = 13.68 \text{m}^2$

合计建筑面积：$S = 128.41 + 13.68 = 142.09 \text{m}^2$

［例 3-7］某办公楼工程平面图、立面图，如图 3-7 所示。计算办公楼底层架空层的建筑面积。

解：底层架空层的建筑面积 $S = 11.10 \times (4.65 + 2.00 + 4.65) = 125.43 \text{m}^2$

［例 3-8］ 某吊脚架空层工程平面图、剖面图如图 3-8 所示。计算该工程的建筑面积。

解：吊脚架空层建筑面积 $S_1 = 2.82 \times 5.24 = 14.78 \text{m}^2$

一层建筑面积 $S_2 = (5.42 + 2.82) \times 5.24 + (1.38 \times 4.28)/2 = 46.13 \text{m}^2$

合计建筑面积：$S = 14.78 + 46.13 = 60.91 \text{m}^2$

［例 3-9］某建筑物门厅和回廊如图 3-9 所示。计算该工程回廊部分的建筑面积。

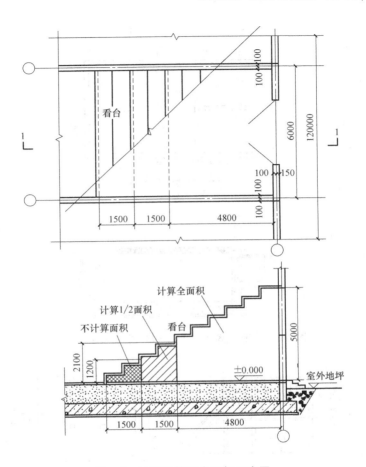

图 3-5 体育场馆看台局部示意图

(a) 平面图；(b) 1—1 剖面

解：回廊部分建筑面积 $S = (15.00 - 0.24) \times (10.00 - 0.24) - (15.00 - 0.24 - 1.60 \times 2) \times (10.00 - 0.24 - 1.60 \times 2) = 68.22m^2$

或 回廊部分建筑面积 $S = (15.00 - 0.24 - 1.60 + 10.00 - 0.24 - 1.60) \times 2 \times 1.60 = 68.22m^2$

[例 3-10] 某小学教学办公楼平面图、剖面图如图 3-10 所示，一层外廊无栏杆。计算该工程的建筑面积。

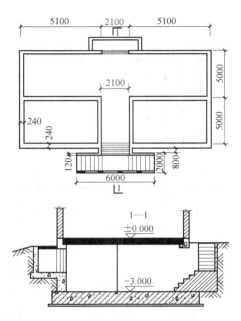

图 3-6 某地下室（包括出入口）平面图和剖面图

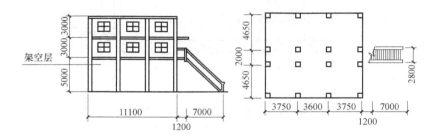

图 3-7 建筑物底层架空层

解：（1）办公区面积 $S_1 = (9.60 + 3.60 \times 3 + 0.24) \times (10.60 + 0.24) \times 4 - 6.00 \times 6.00 \times 3 = 786.95 \text{m}^2$

（2）教室面积 $S_2 = (9.00 \times 2 + 0.24) \times (5.10 + 0.24) \times 3 = 292.20 \text{m}^2$

（3）通廊、挑廊、室外楼梯面积 $S_3 = [(5.10 + 1.50 - 0.24) \times (3.60 + 0.24) \times 3/2 + 9.00 \times 2 \times (1.50 - 0.12) \times 2/2 + (5.10 +$

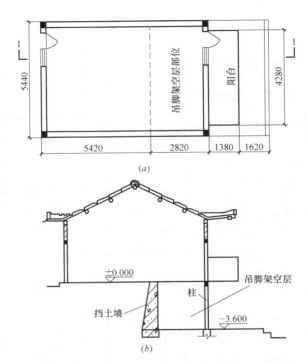

图 3-8　某坡地吊脚架空层工程平面图、剖面图

（a）一层平面图；（b）H 剖面图

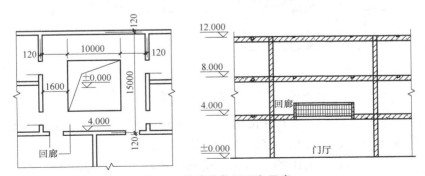

图 3-9　某建筑物门厅和回廊

$0.24) \times 3.60] \times 2/2 = 85.02 \text{m}^2$

合计建筑面积：$S = 786.95 + 292.20 + 85.02 = 1164.17 \text{m}^2$

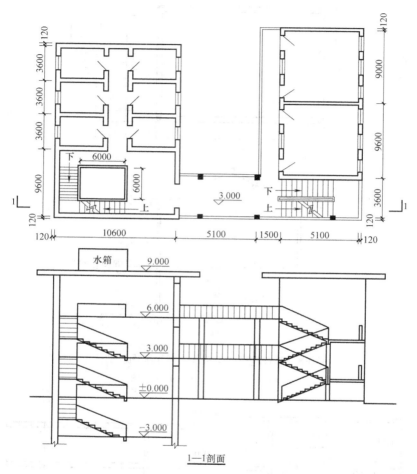

图 3-10 某小学教学办公楼平面图、剖面图

说明：一层通廊有柱按柱外围计算 1/2 建筑面积；一层外廊无栏杆不计算建筑面积；室外楼梯计算两层面积。

[例 3-11] 有围护结构的单层悬挑式舞台灯光控制室如图 3-11 所示，墙厚 37mm。计算该舞台灯光控制室的建筑面积。

解：舞台灯光控制室建筑面积 $S=3.14\times2.00\times2.00/2+2.00\times2\times0.37=7.76\text{m}^2$

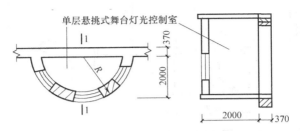

图 3-11　单层悬挑式舞台灯光控制室示意图

[例 3-12]　某住宅楼设计有 18 樘能计算建筑面积的落地凸（飘）窗，平面尺寸如图 3-12 所示。计算凸（飘）窗总建筑面积。

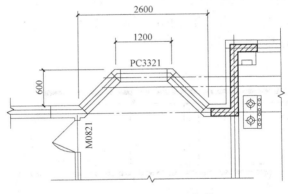

图 3-12　落地凸（飘）窗详图

解：凸（飘）窗总建筑面积 $S=(1.20+2.60)/2 \times 0.60/2 \times 18=10.26\mathrm{m}^2$

[例 3-13]　有围护结构的门斗和落地橱窗如图 3-13 所示。计算门斗和落地橱窗的建筑面积。

解：①当门斗和落地橱窗的结构层高 $h \geqslant 2.20\mathrm{m}$ 时，应计算全面积，则：

门斗的建筑面积 $S_1=4.24 \times 2.00=8.48\mathrm{m}^2$

落地橱窗的建筑面积 $S_2=2.80 \times 0.80=2.24\mathrm{m}^2$

②当门斗和落地橱窗的结构层高 $h<2.20\mathrm{m}$ 时，应计算面

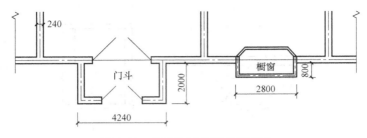

图 3-13 门斗和落地橱窗示意图

积，则：

门斗的建筑面积 $S_1=4.24\times2.00/2=4.24\text{m}^2$

落地橱窗的建筑面积 $S_2=2.80\times0.80/2=1.12\text{m}^2$

[例 3-14] 某高层建筑标准层剖面如图 3-14 所示，建筑物宽 10m。计算其建筑面积。

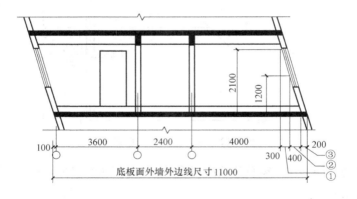

底板面外墙外边线尺寸11000

图 3-14 多（高）层建筑物其他层斜围护结构示意图

①计算 1/2 面积；②不计算建筑面积；③计算建筑面积

解：建筑面积 $S=(0.10+3.60+2.40+4.00+0.20)\times10.00+0.30\times10.00/2=103+1.50=104.50\text{m}^2$

或 建筑面积 $S=11.00\times10.00-0.40\times10.00-0.30\times10.00/2=104.50\text{m}^2$

[例 3-15] 某民用住宅工程如图 3-15 所示，雨篷水平投影面

积为 3300mm×1500mm，计算其建筑面积。

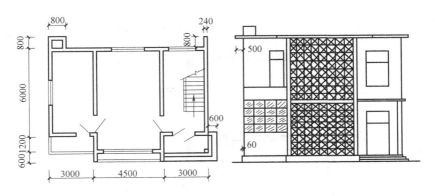

图 3-15　某民用住宅工程

解：建筑面积 $S=[(3.00+4.50+3.00)\times 6.00+4.50\times 1.20+0.80\times 0.80+3.00\times 1.20\div 2]\times 2+3.30\times 1.50\div 2=144.16\text{m}^2$

[例 3-16]　有顶盖的加油站如图 3-16 所示。计算该加油站工程的建筑面积。

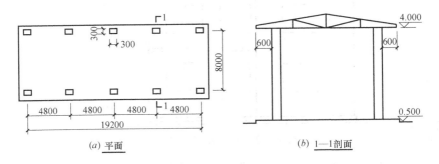

(a) 平面　　　　　　　(b) 1—1剖面

图 3-16　某加油站工程示意图

解：建筑面积 $S=(19.20+0.30+0.60\times 2)\times(8.00+0.30+0.60\times 2)/2=98.33\text{m}^2$

[例 3-17]　某建筑物外墙保温层如图 3-17 所示，保温层厚度为 40mm。计算该建筑物的建筑面积。

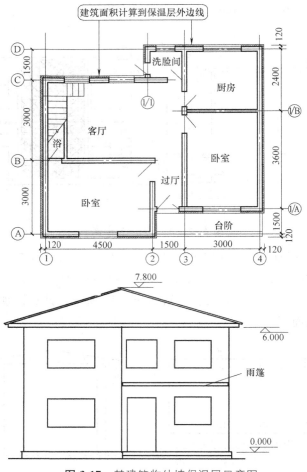

图 3-17 某建筑物外墙保温层示意图

解：建筑物结构外围面积 $S_1 = [(4.50+1.50+3.00+0.24) \times (3.00+3.00+1.50+0.24) - 4.50 \times 1.50 - (1.50+3.00) \times 1.50] \times 2 = (71.518-6.75-6.75) \times 2 = 58.02m^2$

保温层建筑面积 $S_2 = (4.50+1.50+3.00+0.24+3.00+3.00+1.50+0.24) \times 2 \times 0.04 \times 2 = 2.72m^2$

建筑面积合计：$S = 58.02+2.72 = 60.74m^2$

[例 3-18]　某高低联跨厂房办公综合楼平面图、剖面图如图 3-18 所示，变形缝与厂房连通。计算该工程建筑面积。

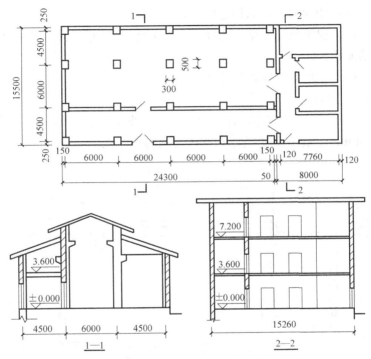

图 3-18　高低联跨及内部连通变形缝示意图

解：（1）高低联跨单层厂房部分 $S_1 = (24.30 + 0.05) \times (6.00 + 4.50 + 0.25 \times 2) = 267.85 \mathrm{m}^2$

（2）双层厂房部分 $S_2 = (24.30 + 0.05) \times 4.50 \times 2 = 219.15 \mathrm{m}^2$

（3）办公室部分 $S_3 = 8.00 \times 15.50 \times 3 = 372.00 \mathrm{m}^2$

合计建筑面积：$S = 267.85 + 219.15 + 372.00 = 859.00 \mathrm{m}^2$

二、实训作业练习题

1. 思考题

（1）骑楼和过街楼有什么不同？

（2）多层建筑物的保温层建筑面积应怎样计算？

（3）阳台、雨篷、门廊的建筑面积应怎样计算？

（4）楼梯的建筑面积怎样计算？

（5）建筑物间的架空走廊、室外走廊（挑廊）及檐廊怎样计算建筑面积？

（6）变形缝的面积怎样计算？

2. 计算题

（1）某住宅平面图如图 3-19 所示，外墙厚度 370mm，内墙厚度 240mm。计算其建筑面积和各房间的净面积。

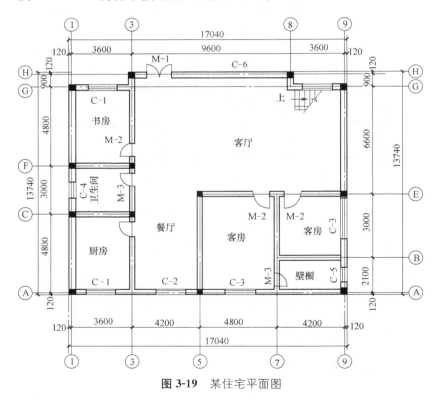

图 3-19 某住宅平面图

（2）某坡屋面下建筑空间的净高和宽度尺寸如图 3-20 所示。

计算其建筑面积。

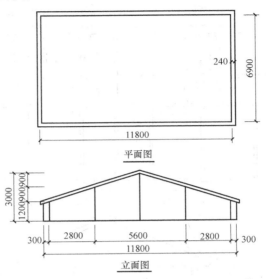

图 3-20 某坡屋面下建筑空间

（3）某住宅建筑标准层平面图和坡屋面剖面图如图 3-21 所示。计算五层标准层和坡屋顶下的建筑空间的建筑面积。

（4）某建筑物内设有局部楼层，平面图和剖面图如图 3-22 所示。计算该建筑物建筑面积。

（5）某工程平面图和正立面图如图 3-23 所示，墙厚度 240mm。计算其建筑面积。

（6）某住宅工程标准层平面图如图 3-24 所示。计算该层建筑面积，复核阳台面积。

（7）某单位车棚平面图和剖面图如图 3-25 所示。计算其建筑面积。

（8）某单位食堂平面图和剖面图如图 3-26 所示。计算其建筑面积。

（9）某办公楼底层平面图（包括台阶）如图 3-27 所示。计算底层建筑面积和室内使用面积。

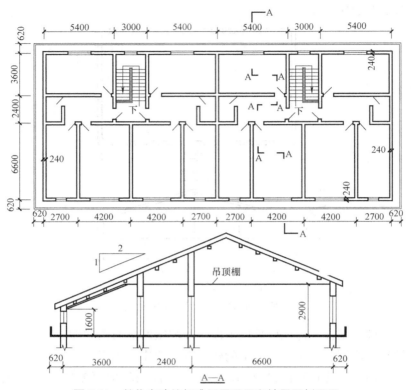

图 3-21 某住宅建筑标准层平面图和坡屋面剖面图

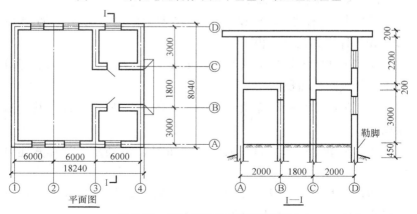

图 3-22 某建筑物内设有局部楼层

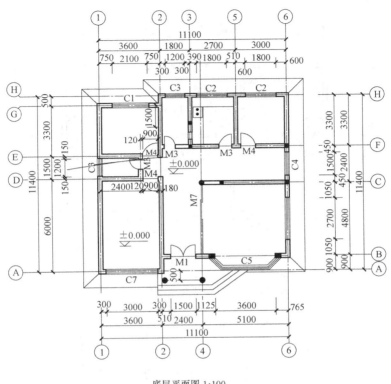

底层平面图 1:100

正立面图 1:100

图 3-23　某工程底层平面图和正立面图

（10）某别墅工程一层平面图、二层平面图和剖面图如图 3-28 所示。计算其建筑面积。

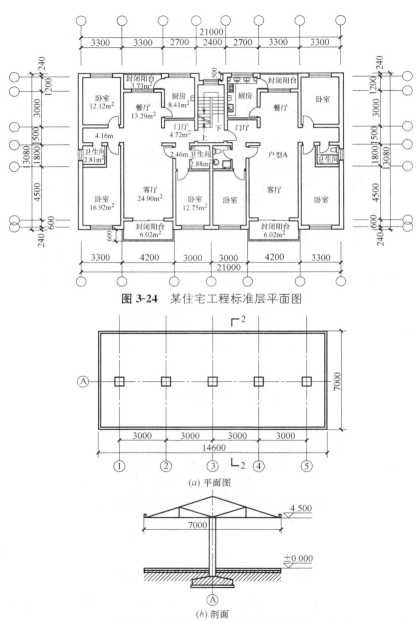

图 3-24　某住宅工程标准层平面图

(a) 平面图

(b) 剖面

图 3-25　某单位车棚平面图和剖面图

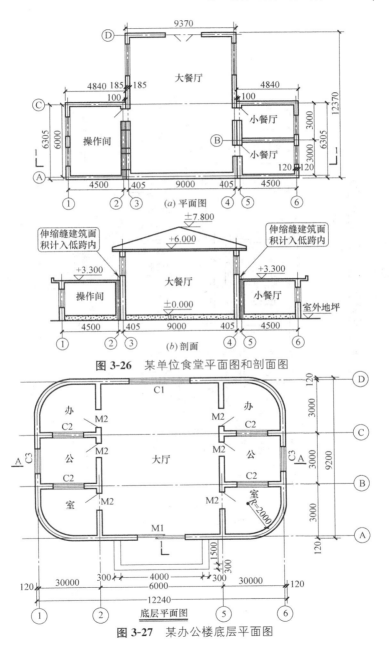

图 3-26　某单位食堂平面图和剖面图

图 3-27　某办公楼底层平面图

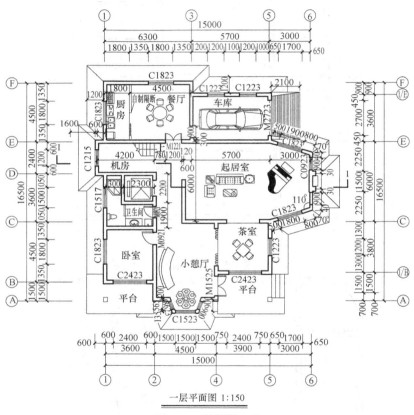

一层平面图 1:150

图 3-28 某别墅工程

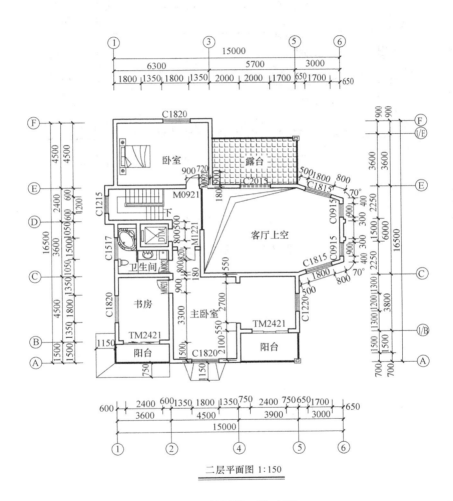

二层平面图 1:150

图 3-28　某别墅工程（续）

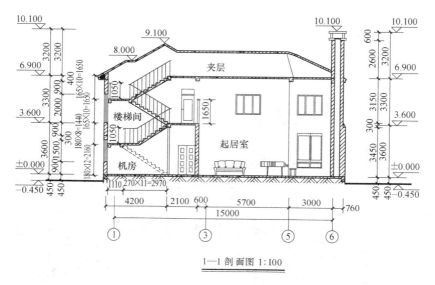

1—1 剖面图 1:100

图 3-28 某别墅工程（续）

第四部分
建筑面积计算规范知识测试题及解答

一、单选题

1. 建筑物结构层高度不足 2.20m 者，（　　）建筑面积。

A. 计算 1/2

B. 不计算

C. 但高度大于 1.2m 时计算 1/2

D. 全算

2. 单层建筑物内设局部楼层时，其首层建筑面积（　　）。

A. 按结构外围水平面积计算

B. 按结构外围水平面积的一半计算

C. 不计算

D. 视情况而定

3. 建筑物内设有局部楼层者，局部楼层的二层及以上楼层，结构层高不足 2.2m 者，（　　）建筑面积。

A. 不计算

B. 计算 1/2

C. 但高度大于 1.2m 时计算 1/2

D. 全算

4. 建筑物内的设备管道层，层高不足 2.2m 时，应（　　）建筑面积。

A. 不计算

B. 计算 1/2

C. 仅计算超过 1.2m 部分的 1/2

D. 全算

5. 建筑坡屋顶内和场馆看台下，结构净高为 1.5m 时，（　　）

建筑面积。

    A. 不计算   B. 计算 1/2

    C. 仅计算超过 1.2m 部分的   D. 全算

    6. 有关下列叙述正确的是（   ）。

    A. 坡地的建筑物吊脚架空层，结构层高在 2.20m 及以上的部位应按其顶板水平投影计算全面积

    B. 坡地的建筑物吊脚架空层有围护结构的，结构层高在 2.20m 及以上的部位计算 1/2 面积

    C. 建筑吊脚架空层按其利用部位水平面积的 1/2 计算

    D. 设计不利用的坡地吊脚架空层、多层建筑坡屋顶内、场馆看台下的空间不应计算面积

    7. 建筑物的门厅、大厅内设有回（走）廊时，应按回（走）廊（   ）计算建筑面积。

    A. 结构底板水平投影面积

    B. 结构底板水平投影面积的 1/2

    C. 结构顶板水平投影面积

    D. 结构顶板水平投影面积的 1/2

    8. 门厅、大厅内设有回（走）廊时按其结构底板（   ）计算建筑面积。

    A. 水平投影面积

    B. 栏杆（板）外围水平面积的 1/2

    C. 栏杆（板）外围水平面积

    D. 水平投影面积的 1/2

    9. 无柱雨篷的结构外边线至外墙结构外边线的宽度为 2.1m，（   ）计算建筑面积。

    A. 按雨篷的展开面积

    B. 按雨篷结构板的水平投影面积

    C. 不计算

    D. 按雨篷结构板的 1/2 的水平投影面积

10. 封闭的建筑物挑阳台，应（　　）建筑面积。

A. 不计算

B. 按其结构底板水平投影面积的 1/2 计算

C. 按其水平投影面积计算

D. 按其水平投影面积的 1/4 计算

11. 某住宅工程，首层外墙勒脚以上结构的外围水平面积为 448.38m²，2～6 层外墙结构外围水平面积之和为 2241.12m²，不封闭的挑阳台的水平面积之和为 108m²，则该工程的建筑面积为（　　）。

A. 2797.5m²　　　　　　　　　　　　B. 2743.5m²

C. 2689.5m²　　　　　　　　　　　　D. 2335.5m²

12. 有永久性顶盖无围护结构的车棚按（　　）计算建筑面积。

A. 其顶盖水平投影面积的 1/2

B. 其顶盖水平投影面积

C. 其顶盖水平投影面积的 1/4

D. 不计算

13. 双排柱的车站站台按（　　）计算建筑面积。

A. 其顶盖水平投影面积的 1/2

B. 其顶盖水平投影面积

C. 柱外围水平投影面积的 1/2

D. 柱外围水平投影面积

14. 建筑物之间有围护结构架空走廊，按其围护结构外围水平面积计算（　　）面积。

A. 全　　　　　　　　　　　　　　　B. 1/2

C. 3/4　　　　　　　　　　　　　　　D. 1/4

15. 有围护设施无围护结构的架空通廊的建筑面积按结构底板水平投影面积的（　　）计算。

A. 1/4　　　　　　　　　　　　　　　B. 1/2

C. 3/4   D. 全面积

16. 建筑物外无围护结构的挑廊，按（   ）建筑面积。

A. 不计算

B. 结构底板水平面积计算 1/2 的面积

C. 结构底板水平面积计算

D. 顶板水平投影面积计算

17. 室外楼梯，按（   ）建筑面积。

A. 建筑物自然层的水平投影面积计算

B. 不计算

C. 室外楼梯结构层的水平投影面积的 1/2 计算

D. 顶盖水平投影面积计算

18. 有顶盖的室外楼梯，（   ）计算建筑面积。

A. 不计算

B. 应并入所依附建筑物自然层投影面积的 1/2 计算

C. 按建筑物自然层投影面积计算

D. 仅计算一层楼梯的投影面积

19. 建筑物内的竖向管道井、电梯井、垃圾道等，其建筑面积（   ）。

A. 按一层的水平投影面积计算

B. 不计算

C. 按建筑物自然层计算

D. 按建筑物各自然层的水平投影面积的一半计算

20. 高低联跨的建筑物内部连通时，变形缝应（   ）。

A. 大于 300mm 的计算   B. 不计算

C. 计算在低跨面积内   D. 计算在高跨面积内

21. 建筑物顶部有 1.5m 高带围护结构的水箱间，（   ）建筑面积。

A. 不计算

B. 计算 1/2 的面积

C. 计算全面积

D. 仅计算超过 1.2m 的部分的全面积

22. 某建筑物屋面上的封闭水箱间结构层高 1.5m，（　　）建筑面积。

A. 不计算

B. 按水箱间外墙外围面积计算

C. 按水箱间外墙外围面积的 1/2 计算

D. 仅超过 1.2m 的部分计算

23. 关于建筑面积计算表述正确的是（　　）。

A. 建筑物架空层，按围护结构外围水平面积计算

B. 用于疏散的室外楼梯按自然层投影面积之和的一半面积计算

C. 室外条石台阶按投影面积计算

D. 建筑物外有围护结构且宽度大于 1.5m 走廊按外围水平面积的一半计算

24. 下列项目应该计算建筑面积的是（　　）。

A. 无顶盖的地下室采光井

B. 室外台阶

C. 建筑物内操作平台

D. 外墙外侧保温隔热层

25. 某单层混凝土结构工业厂房高 15m，其一端有 6 层砖混车间办公楼与其相连，构成一单位工程，两部分之间的沉降缝宽 150mm，沉降缝长 20m，各部分首层勒脚以上外墙外边所围面积分别为 2000m² 和 300m²，则该单位工程建筑面积为（　　）m²。

A. 2300　　　　　　　　　B. 2303

C. 3803　　　　　　　　　D. 3818

二、多选题

1. 建筑物利用坡屋顶内空间时（　　　）。

A. 结构净高超过 2.10m 的部位计算全面积

B. 结构净高在 1.20～2.10m 的部位应计算 1/2 面积

C. 结构净高不足 1.20m 的部位不计算建筑面积

D. 高度不足 2.20m 的部位均不计算面积

E. 层高超过 2.10m 的部位计算全面积

2. 下列各项，计算建筑面积的是（　　　）。

A. 室内楼梯间　　　　　　　　B. 室内电梯井

C. 垃圾道　　　　　　　　　　D. 附墙烟囱

E. 建筑物以外的地下人防通道

3. 下列各项中，结构层高不足 2.2m 者应计算 1/2 建筑面积的是（　　　）。

A. 多层建筑物　　　　　　　　B. 场馆看台

C. 多层建筑坡屋顶　　　　　　D. 建筑物内设置的走廊

E. 地下室

4. 下列计算建筑面积的是（　　　）。

A. 在主体结构内的阳台　　　　B. 勒脚

C. 台阶　　　　　　　　　　　D. 室内电梯井

E. 室内垃圾道

5. 关于单层建筑物的建筑面积，下列说法正确的是（　　　）。

A. 应按其外墙勒脚以上结构的外围水平面积计算

B. 高度在 2.1m 及以上者应计算全面积

C. 高度不足 2.1m 者不计算建筑面积

D. 利用坡屋顶内空间时结构净高超过 2.1m 的部位应计算全面积

E. 利用坡屋顶内空间时结构净高在 1.2～2.1m 的部位计算 1/2的面积

6. 按顶盖水平投影面积的一半计算建筑面积的有（ ）。

A. 独立柱的雨篷   B. 有围护结构的电梯间

C. 有顶盖无围护结构的站台   D. 有围护结构的眺望间

E. 有顶盖无围护结构的货棚

7. 计算建筑面积规定中按自然层计算的内容有（ ）。

A. 室外爬梯   B. 电梯井、管道井

C. 门厅、大厅   D. 楼梯间

E. 室内变形缝

8. 下列关于建筑面积的叙述正确的是（ ）。

A. 建筑物内设有局部楼层者，局部楼层的二层及以上楼层，无围护结构的应按其结构底板水平面积的 1/2 计算

B. 建筑物间有永久性顶盖无围护结构的架空走廊，应按其结构底板水平投影面积的 1/2 计算

C. 地下室出入口外墙外侧坡道有顶盖的部位，应按其外墙结构外围水平面积的 1/2 计算

D. 建筑物外无围护结构的挑廊，应按其结构底板水平投影面积的 1/2 计算

E. 建筑物外无围护结构的檐廊，应按其围护设施（或柱）外围水平面积的 1/2 计算

9. 下列不计算建筑面积的是（ ）。

A. 无围护结构的观光电梯

B. 层高不足 2.2m 的坡地吊脚架空层

C. 窗台与室内楼地面高差在 0.45m 及以上的凸（飘）窗

D. 建筑物通道

E. 结构净高不足 1.2m 的坡屋顶

10. 结构净高在 1.20m 以下的部位，（ ）不应计算面积。

A. 建筑物架空层

B. 围护结构不垂直于水平面的楼层

C. 多层建筑坡屋顶内

D. 场馆看台下的空间

E. 室内楼梯

11. （   ）不计算建筑面积。

A. 建筑物内宽度大于 300mm 的变形缝

B. 单层建筑物内分隔的房间

C. 用于消防检修的室外爬梯

D. 无围护结构的屋顶水箱

E. 1.5m 宽的无围护设施（柱）的挑檐

12. 以下部位不计算建筑面积的有（   ）。

A. 无柱雨篷   B. 屋顶凉棚、露台

C. 露天游泳池   D. 建筑物内的设备管道夹层

E. 与室内相通的变形缝

13. 下列各项，不计算建筑面积的有（   ）。

A. 门廊   B. 勒脚

C. 建筑物内的操作平台   D. 水塔

E. 屋顶水箱

14. 下列各项，不计算建筑面积的有（   ）。

A. 台阶   B. 附墙柱

C. 外墙外侧的保温层   D. 独立烟囱

E. 飘窗

15. 下列不计算建筑面积的是（   ）。

A. 地沟   B. 独立烟囱

C. 贮水池   D. 屋面水箱间

E. 与室内不相通的变形缝

三、判断题

1.《建筑工程建筑面积计算规范》为国家标准，编号为 GB/
T50353—2013，自 2014 年 7 月 1 日起实施。   （   ）

2. 围护性幕墙是指直接作为外墙起围护作用的幕墙。　（　　）

3. 装饰性幕墙是指设置在建筑物墙体外起装饰作用的幕墙。

（　　）

4. 单层建筑物的建筑面积，按其勒脚外墙结构外围水平面积计算。　（　　）

5. 建筑物内的设备管道层，结构层高在 2.20m 及以上者应计算全面积；结构层高不足 2.20m 的部位应计算 1/2 面积。　（　　）

6. 建筑物的门厅、大厅按一层计算建筑面积。　（　　）

7. 建筑物的封闭式阳台按水平投影面积计算，挑阳台、凹阳台按水平投影面积的 1/2 计算。　（　　）

8. 无柱雨篷结构的外边线至外墙结构外边线的宽度超过 2.10m 者，应按雨篷结构板的水平投影面积的 1/2 计算。　（　　）

9. 建筑物间有永久性顶盖无围护结构的架空走廊，应按其顶盖水平投影面积计算建筑面积。　（　　）

10. 建筑物外有永久性顶盖无围护结构的檐廊，按其结构底板水平面积计算。　（　　）

11. 单排柱的车站站台按其顶盖水平投影面积的 1/2 计算建筑面积。　（　　）

12. 有永久性顶盖无围护结构的场馆看台应按其顶盖水平投影面积的 1/2 计算。　（　　）

13. 室外楼梯应并入所依附建筑物自然层，并按其水平投影面积的 1/2 计算。　（　　）

14. 有永久性顶盖的室外楼梯，应按建筑物自然层的水平投影面积计算建筑面积。　（　　）

15. 上下两错层户室的室内楼梯，应选上一层的自然层计算面积。　（　　）

16. 高低联跨的建筑物，应以高跨结构外边线为界分别计算建筑面积；其高低跨内部连通时，其变形缝应计算在低跨面积内。

（　　）

17. 以幕墙作为围护结构的建筑物，应按幕墙外边线计算建筑面积。 （　　）

18. 建筑物外墙外侧有保温隔热层的，应按保温隔热层外边线计算建筑面积。 （　　）

19. 建筑物外墙外侧有保温隔热层的，应按其保温材料的水平截面积计算，并计入自然层建筑面积。 （　　）

20. 建筑物内的变形缝，应按其自然层合并在建筑物面积内计算。 （　　）

21. 宽度大于 300mm 的建筑物内的变形缝，不应计算建筑面积。 （　　）

22. 无永久性顶盖的架空走廊、室外楼梯不计算建筑面积。 （　　）

23. 宽度在 2.1m 以内的无柱雨篷，以及与建筑物内不相连通的装饰性阳台、挑廊不计算建筑面积。 （　　）

24. 建筑物内的自动扶梯不计算建筑面积。 （　　）

25. 结构层高大于 2.2m 的建筑物内的设备管道夹层应计算 1/2 的建筑面积。 （　　）

26. 建筑物内的设备管道夹层不计算建筑面积。 （　　）

27. 勒脚、台阶、室外空调室外机搁板（箱）不计建筑面积。 （　　）

28. 独立烟囱、烟道、地沟、油（水）罐、气柜、水塔、贮油（水）池、贮仓、栈桥、建筑物以外的地下人防通道、地铁隧道等构筑物均不计算建筑面积。 （　　）

四、名词解释

1. 层高
2. 自然层
3. 架空层

4. 架空走廊

5. 回廊

6. 檐廊

7. 骑楼

8. 过街楼

9. 勒脚

10. 飘窗

11. 变形缝

五、填空题

1. 建筑面积是建筑物各层面积的总和。它包括 _____、_____ 和 _____ 三部分。

2. 使用面积是指建筑物各层平面中直接为 ____ 或 ____ 使用的净面积之和。

3. 结构面积是指建筑各层平面中的 ___、___ 等结构所占面积之和。

4. 建筑面积是评价 _____ 和 _____ 的重要经济指标。

5.《建筑工程建筑面积计算规范》主要规定了三个方面的内容：即 _____、_____ 和 _____。

6. 住宅套型建筑面积 = _____ + _____

7.《建筑工程建筑面积计算规范》为国家标准，编号为 GB/T50353—2013，自 ____ 年 __ 月 __ 日起实施。

8. 建筑面积计算规范适用于 ____、____、____ 的工业与民用建筑工程建设全过程的建筑面积计算。

9. 层高是指 _____ 或 _____ 的垂直距离。

10. 单层建筑物的建筑面积，应按其外墙 _____ 结构

_____计算。

11. 形成建筑空间的坡屋顶，结构净高在_____及以上的部位应计算全面积；结构净高在_____及以上至_____以下的部位应计算 1/2 面积；结构净高在_____以下的部位不应计算建筑面积。

12. _____、_____、_____，无结构层的应按一层计算，有结构层的应按其结构层面积分别计算。

13. 无柱雨篷结构的外边线至外墙结构外边线的宽度在_____及以上的，应按雨篷结构板的水平投影面积的_____计算。

14. _____应并入所依附建筑物自然层，并应按其水平投影面积的_____计算建筑面积。

六、问答题

1. 建筑物的建筑面积应怎样计算？

2. 建筑物内设有局部楼层的建筑面积应怎样计算？

3. 地下室与半地下室是如何划分的？

4. 地下建筑工程的建筑面积应怎样计算？

5. 建筑物架空层及坡地建筑物吊脚架空层的建筑面积应怎样计算？

6. 有永久性顶盖无围护结构的车棚、货棚、加油站等如何计算建筑面积?

7. 雨篷、阳台建筑面积应如何计算?

8. 室内楼梯、室外楼梯的建筑面积如何计算?

9. 室内楼梯间、电梯井、提物井、垃圾道、管道井等建筑面积应怎样计算?

10. 建筑物的门厅、大厅建筑面积应怎样计算?

11. 立体书库、立体仓库建筑面积应怎样计算?

12. 设备层、管道层、避难层等建筑面积应怎样计算?

13. 屋面上部的楼梯间、水箱间、电梯机房等建筑面积应怎样计算?

14. 橱窗、门斗、走廊、挑廊建筑面积应怎样计算?

15. 建筑物间架空走廊建筑面积应怎样计算?

16. 勒脚、附墙柱、垛、台阶等是否计算建筑面积?

七、参考答案

单选题

1. A　　2. A　　3. B　　4. B　　5. B　　6. A　　7. A

8. A　　9. D　　10. B　　11. B　　12. A　　13. A　　14. A

15. B　　16. B　　17. C　　18. B　　19. C　　20. C　　21. B

22. C　　23. B　　24. D　　25. C

多选题

1. A、B、C　　　　2. A、B、C、D　　　3. A、D、E

4. A、D、E　　　　5. A、D　　　　　　6. A、C、E

7. B、D、E　　　　8. B、C、D、E　　　9. A、C、D、E

10. B、C、D　　　　11. B、C、D、E　　　12. B、C

13. B、C、D、E　　14. A、B、D　　　　15. A、B、C、E

判断题

1. √　　2. √　　3. √　　4. ×　　5. √　　6. √　　7. ×

8. √　　9. ×　　10. ×　　11. √　　12. √　　13. √　　14. ×

15. √　　16. √　　17. √　　18. ×　　19. √　　20. √　　21. ×

22. ×　　23. √　　24. ×　　25. ×　　26. ×　　27. √　　28. √

名词解释

1. 层高：是指楼面或地面结构层上表面至上部结构层上表面之间的垂直距离。

2. 自然层：是指按楼板、地板结构分层的楼层。

3. 架空层：是指仅有结构支撑而无外围护结构的开敞空间层。

4. 架空走廊：是指专门设置在建筑物的二层或二层以上，作为不同建筑物之间水平交通的空间。

5. 回廊：是指在建筑物门厅、大厅内设置在二层或二层以上的回形走廊。

6. 檐廊：是指设置在建筑物挑檐下的水平交通空间。

7. 骑楼：是指建筑底层沿街面后退且留出公共人行空间的建筑物。

8. 过街楼：是指跨越道路上空并与两边建筑相连接的建筑物。

9. 勒脚：是指在房屋外墙接近地面部位设置的饰面保护构造。

10. 飘窗：是指凸出建筑物外墙面的窗户。

11. 变形缝：是指防止建筑物在某些因素作用下引起开裂甚至破坏而预留的构造缝。

填空题

1. 使用面积　辅助面积　结构面积

2. 生产　生活

3. 墙　柱

4. 国民经济建设　人民物质生活

5. 计算全部建筑面积的范围和规定　计算一半建筑面积的范围和规定　不计算建筑面积的范围和规定

6. 套内建筑面积　公摊面积

7. 2014　7　1

8. 新建　扩建　改建

9. 上下两层楼面　楼面与地面之间

10. 勒脚以上　外围水平面积

11. 2.10m　1.20m　2.10m　1.20m

12. 立体书库　立体仓库　立体车库

13. 2.10m　1/2

14. 室外楼梯　1/2

问答题

1. 建筑物的建筑面积应怎样计算？

答：建筑物的建筑面积应按自然层外墙结构外围水平面积之和计算。结构层高在 2.20m 及以上的，应计算全面积；结构层高在 2.20m 以下的，应计算 1/2 面积。

2. 建筑物内设有局部楼层的建筑面积应怎样计算？

答： 建筑物内设有局部楼层时，对于局部楼层的二层及以上楼层，有围护结构的应按其围护结构外围水平面积计算；无围护结构的应按其结构底板水平面积计算，且结构层高在 2.20m 及以上的，应计算全面积；结构层高在 2.20m 以下的，应计算 1/2 面积。

3. 地下室与半地下室是如何划分的？

答： 地下室是指房间地平面低于室外地平面的高度超过该房间净高的 1/2 者为地下室。半地下室是指房间地平面低于室外地平面的高度超过该房间净高的 1/3，且不超过 1/2 者为半地下室。

4. 地下建筑工程的建筑面积应怎样计算？

答： 地下室、半地下室应按其结构外围水平面积计算。结构层高在 2.20m 及以上的，应计算全面积；结构层高在 2.20m 以下的，应计算 1/2 面积。出入口外墙外侧坡道有顶盖的部位，应按其外墙结构外围水平面积的 1/2 计算面积。

5. 建筑物架空层及坡地建筑物吊脚架空层的建筑面积应怎样计算？

答： 建筑物架空层及坡地建筑物吊脚架空层，应按其顶板水平投影面积计算建筑面积。且结构层高在 2.20m 及以上的，应计算全面积；结构层高在 2.20m 以下的，应计算 1/2 面积。

6. 有永久性顶盖无围护结构的车棚、货棚、加油站等如何计算建筑面积？

答： 有顶盖无围护结构的车棚、货棚、站台、加油站、收费站等，应按其顶盖水平投影面积的 1/2 计算建筑面积。

7. 雨篷、阳台建筑面积应如何计算？

答： 有柱雨篷应按其结构板水平投影面积的 1/2 计算建筑面积；无柱雨篷的结构外边线至外墙结构外边线的宽度在 2.10m 及以上的，应按雨篷结构板的水平投影面积的 1/2 计算。在主体结构内的阳台，应按其结构外围水平面积计算全面积；在主体结构外的阳台，应按其结构底板水平投影面积计算 1/2 面积。

8. 室内楼梯、室外楼梯的建筑面积如何计算？

答：建筑物内的室内楼梯间应按建筑物的自然层计算。室外楼梯应并入所依附建筑物自然层，并应按其水平投影面积的1/2计算建筑面积。

9. 室内楼梯间、电梯井、提物井、垃圾道、管道井等建筑面积应怎样计算？

答：建筑物内的室内楼梯间、电梯井、观光电梯井、提物井、管道井、通风排气竖井、垃圾道、附墙烟囱应按建筑物的自然层计算。

10. 建筑物的门厅、大厅建筑面积应怎样计算？

答：建筑物的门厅、大厅应按一层计算建筑面积，门厅、大厅内设置的走廊应按走廊结构底板水平投影面积计算建筑面积。结构层高在2.20m及以上的，应计算全面积；结构层高在2.20m以下的，应计算1/2面积。

11. 立体书库、立体仓库建筑面积应怎样计算？

答：立体书库、立体仓库、立体车库，有围护结构的，应按其围护结构外围水平面积计算建筑面积；无围护结构的、有围护设施的，应按其结构底板水平投影面积计算建筑面积。无结构层的应按一层计算，有结构层的应按其结构层面积分别计算。结构层高在2.20m及以上的，应计算全面积；结构层高在2.20m以下的，应计算1/2面积。

12. 设备层、管道层、避难层等建筑面积应怎样计算？

答：对于建筑物内的设备层、管道层、避难层等有结构层的楼层，结构层高在2.20m及以上的，应计算全面积；结构层高在2.20m以下的，应计算1/2面积。

13. 屋面上部的楼梯间、水箱间、电梯机房等建筑面积应怎样计算？

答：建筑物顶部有围护结构的楼梯间、水箱间、电梯机房等，结构层高在2.20m及以上者应计算全面积；结构层高不足2.20m者应计算1/2面积。

14. 橱窗、门斗、走廊、挑廊建筑面积应怎样计算？

答： 建筑物外有围护结构的落地橱窗、门斗，应按其围护结构外围水平面积计算。结构层高在 2.20m 及以上者应计算全面积；结构层高不足 2.20m 者应计算 1/2 面积。有围护设施的室外走廊（挑廊），应按其结构底板水平投影面积计算 1/2 面积；有围护设施（或柱）的檐廊，应按其围护设施（或柱）外围水平面积计算 1/2 面积。

15. 建筑物间架空走廊建筑面积应怎样计算？

答： 建筑物间的架空走廊，有顶盖和围护结构的，应按其围护结构外围水平面积计算全面积；无围护结构、有围护设施的，应按其结构底板水平面积计算 1/2 面积。

16. 勒脚、附墙柱、垛、台阶等是否计算建筑面积？

答： 勒脚、附墙柱、垛、台阶、墙面抹灰、装饰面、镶贴块料面层、装饰性幕墙，主体结构外的空调室外机搁板（箱）、构件、配件，挑出宽度在 2.10m 以下的无柱雨篷和顶盖高度达到或超过两个楼层的无柱雨篷不计算建筑面积。

附录

常用工程计量公式和造价指标

附录 A 工程量计算常用数据与公式

A.1 常用符号与图例

A.1.1 常用字母与数学符号

A.1.1.1 常用字母

（1）汉语拼音字母见表 A-1。

汉语拼音字母　　　　　　　　　　　表 A-1

大写	小写	读音	大写	小写	读音	大写	小写	读音	大写	小写	读音
A	a	啊	H	h	喝	O	o	喔	U	u	乌
B	b	玻	I	i	衣	P	p	坡	V	v	万
C	c	雌	J	j	基	Q	q	欺	W	w	乌
D	d	得	K	k	科	R	r	日	X	x	希
E	e	鹅	L	l	勒	S	s	思	Y	y	衣
F	f	佛	M	m	摸	T	t	特	Z	z	资
G	g	哥	N	n	讷						

（2）拉丁（英文）字母见表 A-2。

拉丁（英文）字母　　　　　　　　　表 A-2

大写	小写	读音	大写	小写	读音	大写	小写	读音	大写	小写	读音
A	a	欸	H	h	欸曲	O	o	欧	U	u	由
B	b	比	I	i	阿哀	P	p	批	V	v	维衣
C	c	西	J	j	街	Q	q	克由	W	w	达不留
D	d	地	K	k	凯	R	r	阿尔	X	x	欸克斯
E	e	衣	L	l	欸耳	S	s	欸斯	Y	y	外
F	f	欸夫	M	m	欸姆	T	t	梯	Z	z	兹衣
G	g	基	N	n	欸恩						

注：读音均系近似读音。

(3) 希腊字母见表 A-3。

希腊字母　　　　　　　　　表 A-3

大写	小写	读音	大写	小写	读音	大写	小写	读音	大写	小写	读音
A	α	阿尔法	H	η	艾塔	N	ν	纽	T	τ	陶
B	β	贝塔	Θ	θ	西塔	Ξ	ξ	克西	Υ	υ	宇普西隆
Γ	γ	伽马	I	ι	约塔	O	o	奥密克戎	Φ	φ	佛爱
Δ	δ	德耳塔	K	κ	卡帕	Π	π	派	X	χ	喜
E	ϵ	艾普西隆	Λ	λ	兰姆达	P	ρ	洛	Ψ	ψ	普西
Z	ζ	截塔	M	μ	米尤	Σ	σ	西格马	Ω	ω	欧美伽

注：读音均系近似读音。

A.1.1.2　常用数学符号

常用数学符号见表 A-4。

常用数学符号　　　　　　　　表 A-4

中文意义	符号	中文意义	符号
加、正	$+$	立方根	$\sqrt[3]{\;}$
减、负	$-$	n 次方根	$\sqrt[n]{\;}$
乘	$\times$ 或 $\cdot$	以 b 为底数的对数	$\log b$
除	$\div$	常用对数(以 10 为底数的)	$\lg$
比	$:$	自然对数(以 e 为底数的)	$\ln$
小数点	$\cdot$	小括弧	$(\;)$
等于	$=$	中括弧	$[\;]$
全等于	$\cong$	大括弧	$\{\;\}$
不等于	$\neq$	阶乘	$!$
约等于	$\approx$	因为	$\because$
小于	$>$	所以	$\therefore$
大于	$<$	垂直于	$\perp$
小于或等于	$\leqslant$	平行于	$\parallel$
大于或等于	$\geqslant$	相似于	$\backsim$
远小于	$\ll$	加或减,正或负	$\pm$
远大于	$\gg$	减或加,负或正	$\mp$
最大	max	三角形	$\triangle$
最小	min	直角	$\llcorner$
a 的绝对值	$\lvert a\rvert$	圆形	$\odot$
x 的平方	x^2	正方形	$\square$
x 的立方	x^3	矩形	$\square$
x 的 n 次幂	x^n	平行四边形	$\square$
平方根	$\sqrt{\;}$	[平面]角	$\angle$

续表

中 文 意 义	符　　号	中 文 意 义	符　　号
圆周率	π	a 的实数部分	$R(a)$
弧 AB	$\overgroup{AB}$	a 的虚数部分	$I(a)$
度	$(°)$	a 的共轭数	$\overline{a}$
〔角〕分	$(')$	矢量	a,b,c 或 $\vec{a}$，$\vec{b}$，$\vec{c}$
〔角〕秒	$('')$	直角坐标系的单位矢量	i,j,k
正弦	sin	矢量的长	$|a|$ 或 a
余弦	cos	矢量的标积	$a \cdot b$ 或 $\vec{a} \cdot \vec{b}$
正切	tan 或 tg	矢量的矢积	$a \times b$ 或 $\vec{a} \times \vec{b}$
余切	cot 或 ctg	笛卡尔坐标系中矢量	a_x,a_y,a_z
正割	sec	a 的坐标分量	
余割	cosec 或 csc		
常数	const	（无向量场的）梯度	grad
数字范围(自⋯至⋯)	$\sim$	（向量场的）旋度	rot
相等中距	@	（向量场的）散度	div
百分比	%	属于	$\in$
极限	lim	不属于	$\notin$
趋于	$\rightarrow$	包含	$\ni$
无穷大	∞	不包含	$\not\ni$
求和	$\sum$	成正比	$\propto$
i 从 1 到 n 的和	$\sum\limits_{i=1}^{m}$	相当于	$\triangleq$
		按定义	$\underline{\mathrm{def}}$
函数	$f(\ )$，$\varphi(\ )$	上极限	$\overline{\lim}$
增量	Δ	下极限	$\underline{\lim}$
微分	d	上确界	sup
单变量的函数	$f'(x)$，$f''(x)$，	下确界	inf
的各级微商	$f'''(x)$	事件的概率	$P(\cdot)$
偏微商	$\dfrac{\partial}{\partial x}$，$\dfrac{\partial^2}{\partial x^2}$，$\dfrac{\partial^3}{\partial x^3}$	概率值	p
		总体容量	N
积分	$\displaystyle\int$	样本容量	n
		总体方差	σ^2
自下限 a 到上限	$\displaystyle\int_a^b$	样本方差	s^2
b 的定积分		总体标准差	σ
二重积分	$\displaystyle\iint$	样本标准差	s
		序数	i 或 j
三重积分	$\displaystyle\iiint$	相关系数	r
		抽样平均误差	μ
虚数单位	i 或 j	抽样允许误差	Δ

A.1.2 常用建筑材料图例与符号

A.1.2.1 常用建筑材料图例

常用建筑材料图例，见表 A-5。

常用建筑材料图例　　　表 A-5

序号	名　　称	图　　例	备　　注
1	自然土		包括各种自然土
2	夯实土		
3	砂、灰土		靠近轮廓线绘较密的点
4	砂砾石、碎砖三合土		
5	石材		
6	毛石		
7	普通砖		包括实心砖、多孔砖、砌块等砌体。断面较窄不易绘出图例线时，可涂红
8	耐火砖		包括耐酸砖等砌体
9	空心砖		指非承重砖砌体
10	饰面砖		包括铺地砖、陶瓷锦砖、人造大理石等
11	焦渣、矿渣		包括与水泥、石灰等混合而成的材料
12	混凝土		1. 本图例指能承重的混凝土及钢筋混凝土 2. 包括各种强度等级、骨料、添加剂的混凝土
13	钢筋混凝土		3. 在剖面图上画出钢筋时，不画图例线 4. 断面图形小，不易画出图例线时，可涂黑

序号	名　　称	图　例	备　　注
14	多孔材料	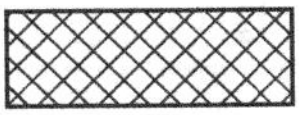	包括水泥珍珠岩、沥青珍珠岩、泡沫混凝土、非承重加气混凝土、软木、蛭石制品等
15	纤维材料	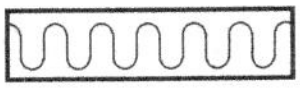	包括矿棉、岩棉、玻璃棉、麻丝、木丝板、纤维板等
16	泡沫塑料材料	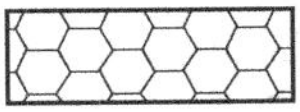	包括聚苯乙烯、聚乙烯、聚氨酯等多孔聚合物类材料
17	木材	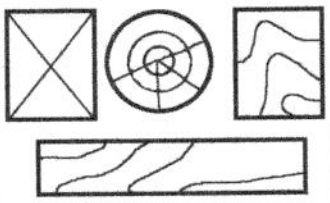	1. 上图为横断面,上左图为垫木、木砖或木龙骨 2. 下图为纵断图
18	胶合板		应注明为×层胶合板
19	石膏板	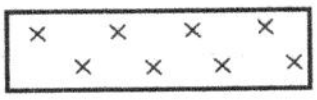	包括圆孔、方孔石膏板、防水石膏板等
20	金属	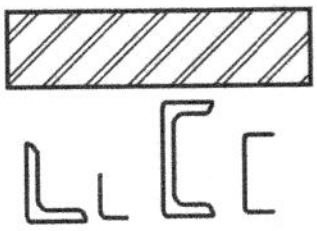	1. 包括各种金属 2. 图形小时,可涂黑
21	网状材料		1. 包括金属、塑料网状材料 2. 应注明具体材料名称
22	液体		应注明具体液体名称
23	玻璃		包括平板玻璃、磨砂玻璃、夹丝玻璃、钢化玻璃、中空玻璃、夹层玻璃、镀膜玻璃等
24	橡胶		
25	塑料		包括各种软、硬塑料及有机玻璃等
26	防水材料		构造层次多或比例大时,采用上面图例
27	粉刷		本图例采用较稀的点

注：序号1、2、5、7、8、13、14、16、17、18、22、23 图例中的斜线、短斜线、交叉斜线等一律为45°。

A.1.2.2 常用代号

工程中常用代号，见表 A-6。

工程中常用代号　　　　　　表 A-6

符　号	意　义	符　号	意　义
$L\ l$	构件长度	a	增加长度
$B\ b$	构件宽度	Ⅰ Ⅱ Ⅲ	级别、类别
$D\ \phi$	直径	①②	构件、杆件代号
$R\ r$	半径	♯	号
$H\ h$	高度	″	英寸
δh	厚度	mm	毫米
c	保护层厚度、工作面宽	m²	平方米
V	体积	m³	立方米
S	面积	C	混凝土强度等级
α	角度	M	砂浆强度等级
$K\ k\ m$	系数、放坡系数	MU	砖、石、砌块强度等级
→ %	坡度	T	木材强度等级
@	相等中距	M	门
n	数量	C	窗
Σ	合计、累加	MC	门连窗

A.1.3 钢筋表示方法

A.1.3.1 钢筋的表示方法，见表 A-7。

钢筋的表示方法　　　　　　表 A-7

序号	名　称	图　例	说　明
1	钢筋横断面	●	
2	无弯钩的钢筋端部		下图表示长、短钢筋投影重叠时，短钢筋的端部用 45° 斜画线表示
3	带半圆形弯钩的钢筋端部		
4	带直钩的钢筋端部		

序号	名　称	图　例	说　明
5	带丝扣的钢筋端部		
6	无弯钩的钢筋搭接		
7	带半圆弯钩的钢筋搭接		
8	带直钩的钢筋搭接		
9	花篮螺栓钢筋接头	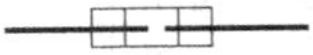	
10	机械连接的钢筋接头		用文字说明机械连接的方式（或冷挤压或锥螺纹等）

A.1.3.2　钢筋在构件中的表示方法

钢筋在构件中的表示方法，见表 A-8。

钢筋在构件中的表示方法　　表 A-8

序号	说　明	图　例
1	在结构平面图中配置双层钢筋时，底层钢筋的弯钩应向上或向左，顶层钢筋的弯钩则向下或向右	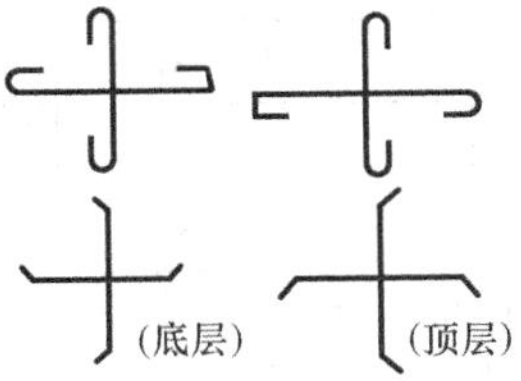 （底层）　　（顶层）
2	钢筋混凝土墙体配双层钢筋时，在配筋立面图中，远面钢筋的弯钩应向上或向左，而近面钢筋的弯钩向下或向右（JM——近面，YM——远面）	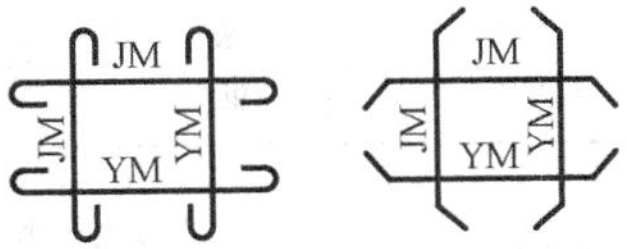 JM YM
3	若在断面图中不能表达清楚的钢筋布置，应在断面图外增加钢筋大样图（如钢筋混凝土墙、楼梯等）	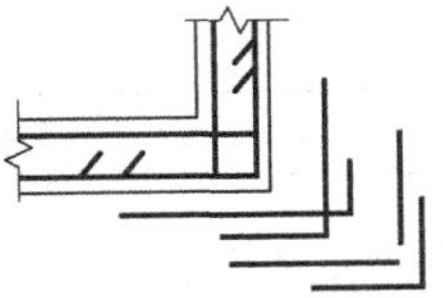

续表

序号	说　明	图　例
4	图中表示的箍筋、环筋等若布置复杂时,可加画钢筋大样图(如钢筋混凝土墙、楼梯等)	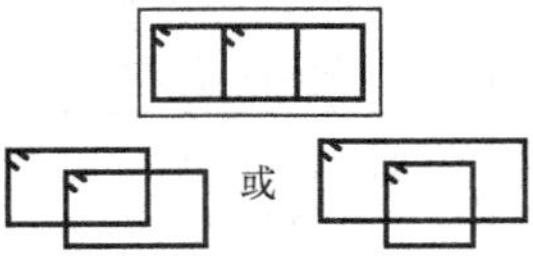
5	每组相同的钢筋、箍筋或环筋,可用一根粗实线表示,同时用一两端带斜短划线的横穿细线,表示其余钢筋及起止范围	

A.1.3.3　常用钢筋符号

常用钢筋符号及强度标准值,见表 A-9。

常用钢筋符号及强度标准值　　　　　　表 A-9

牌号	符号	公称直径 d(mm)	屈服强度标准值 f_{yk}(N/mm^2)	极限强度标准值 f_{sfk}(N/mm^2)
HPB300	Φ	6~22	300	420
HRB335 HRBF335	|Φ| Φ^F	6~50	335	455
HRB400 HRBF400 RRB400	Φ Φ^F |Φ|^R	6~50	400	540
HRB500 HRBF500	Φ Φ^F	6~50	500	630

A.1.4　常用型钢标注方法

常用型钢的标注方法,见表 A-10。

常用型钢的标注方法　　　　　　表 A-10

序号	名称	截面	标注	说　明
1	等边角钢	 └	 └ $b×t$	b 为肢宽,t 为肢厚

序号	名称	截面	标注	说　明
2	不等边角钢			B 为长肢宽，b 为短肢宽，t 为肢厚
3	工字钢		N　Q　N	轻型工字钢加注 Q 字，N 工字钢的型号
4	槽钢		N　Q　N	轻型槽钢加注 Q 字，N 槽钢的型号
5	方钢		b	b 为边长
6	扁钢	b	$—b×t$	
7	钢板		$\dfrac{—b×t}{l}$	宽×厚 板长
8	圆钢		ϕd	
9	钢管		$DN××$ $d×t$	内径 外径×壁厚
10	薄壁方钢管		B $b×t$	
11	薄壁等肢角钢		B $b×t$	
12	薄壁等肢卷边角钢		B $b×a×t$	薄壁型钢加注 B 字，t 为壁厚
13	薄壁槽钢		B $h×b×t$	
14	薄壁卷边槽钢		B $h×b×a×t$	
15	薄壁卷边Z型钢		B $h×b×a×t$	

序号	名称	截面	标注	说　明
16	T 型钢	T	TW×× TM×× TN××	TW 为宽翼缘 T 型钢 TM 为中翼缘 T 型钢 TN 为窄翼缘 T 型钢
17	H 型钢	H	HW×× HM×× HN××	HW 为宽翼缘 H 型钢 HM 为中翼缘 H 型钢 HN 为窄翼缘 H 型钢
18	起重机钢轨		⊥QU××	详细说明产品规格型号
19	轻轨及钢轨		⊥××kg/m钢轨	

A.1.5　常用构件代号

常用建筑构件代号，见表 A-11。

常用建筑构件代号　　　　表 A-11

序号	名　称	代号	序号	名　称	代号
1	板	B	20	过梁	GL
2	屋面板	WB	21	连系梁	LL
3	空心板	KB	22	基础梁	JL
4	槽形板	CB	23	楼梯梁	TL
5	折板	ZB	24	框架梁	KL
6	密肋板	MB	25	框支梁	KZL
7	楼梯板	TB	26	屋面框架梁	WKL
8	盖板或沟盖板	GB	27	檩条	LT
9	挡雨板或檐口板	YB	28	屋架	WJ
10	吊车安全走道板	DB	29	托架	TJ
11	墙板	QB	30	天窗架	CJ
12	天沟板	TGB	31	框架	KJ
13	梁	L	32	刚架	GJ
14	屋面梁	WL	33	支架	ZJ
15	吊车梁	DL	34	柱	Z
16	单轨吊车梁	DDL	35	框架柱	KZ
17	轨道连接	DGL	36	构造柱	CZ
18	车挡	CD	37	承台	CT
19	圈梁	QL	38	设备基础	SJ

序号	名 称	代号	序号	名 称	代号
39	桩	ZH	47	阳台	YT
40	挡土墙	DQ	48	梁垫	LD
41	地沟	DG	49	预埋件	M
42	柱间支撑	ZC	50	天窗端壁	TD
43	垂直支撑	CC	51	钢筋网	W
44	水平支撑	SC	52	钢筋骨架	C
45	梯	T	53	基础	J
46	雨篷	YP	54	暗柱	AZ

注：1. 预制钢筋混凝土构件、现浇钢筋混凝土构件、钢构件和木构件，一般可直接采用本附录中的构件代号。在绘图中，当需要区别上述构件的材料种类时，可在构件代号前加注材料代号，并在图纸中加以说明。

2. 预应力钢筋混凝土构件的代号，应在构件代号前加注"Y"，如 Y-DL 表示预应力钢筋混凝土吊车梁。

A.2 面积计算公式

A.2.1 三角形平面图形面积

三角形平面图形面积计算公式，见表 A-12。

三角形平面图形面积计算公式 　　表 A-12

图形	符号意义	面积 A	重心位置 G
三角形	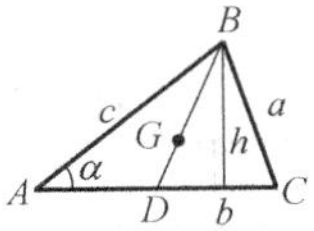 h——高 L——$\frac{1}{2}$ 周长 a,b,c——对应角 A,B,C 的边长	$A=\dfrac{bh}{2}=\dfrac{1}{2}ab\sin\alpha$ $L=\dfrac{a+b+c}{2}$	$GD=\dfrac{1}{3}BD$ $CD=DA$
直角三角形	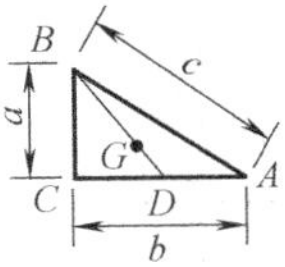 a,b——两直角边长； c——斜边	$A=\dfrac{ab}{2}$ $c=\sqrt{a^2+b^2}$ $a=\sqrt{c^2-b^2}$ $b=\sqrt{c^2-a^2}$	$GD=\dfrac{1}{3}BD$ $GD=DA$
锐角三角形	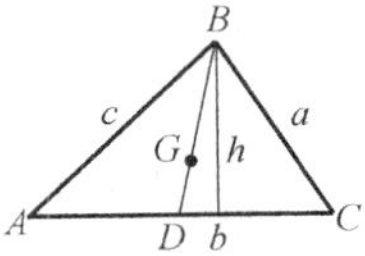 h——高	$A=\dfrac{bh}{2}$ $=\dfrac{b}{2}\sqrt{a^2-\left(\dfrac{a^2+b^2-c^2}{2b}\right)^2}$ 设 $s=\dfrac{1}{2}(a+b+c)$ 则 $A=\sqrt{s(s-a)(s-b)(s-c)}$	$GD=\dfrac{1}{3}BD$ $AD=DC$

图形	符号意义	面积 A	重心位置 G
钝角三角形	a、b、c——边长 h——高	$A=\dfrac{bh}{2}$ $=\dfrac{b}{2}\sqrt{a^2-\left(\dfrac{c^2-a^2-b^2}{2b}\right)^2}$ 设 $s=\dfrac{1}{2}(a+b+c)$ 则 $A=\sqrt{s(s-a)(s-b)(s-c)}$	$GD=\dfrac{1}{3}BD$ $AD=DC$
等边三角形	a——边长	$A=\dfrac{\sqrt{3}}{4}a^3=0.433a^2$	三个角平分线的交点
等腰三角形	b——两腰； a——底边； h_a——a 边上高	$A=\dfrac{1}{2}ah_a$	$GD=\dfrac{1}{3}h_a$ $(BD=DC)$

A.2.2 四边形平面图形面积

四边形平面图形面积计算公式，见表 A-13。

四边形平面图形面积计算公式 表 A-13

图形	符号意义	面积 A	重心位置 G
正方形	a——边长 d——对角线	$A=a^2$ $a=\sqrt{A}=0.707d$ $d=1.414a=1.414\sqrt{A}$	在对角线交点上
长方形	a——短边 b——长边 d——对角线	$A=ab$ $d=\sqrt{a^2+b^2}$	在对角线交点上
平行四边形	a、b——邻边 h——对边间的距离	$A=bh=ab\sin\alpha$ $=\dfrac{AC\cdot BD}{2}\sin\beta$	在对角线交点上

图形	符号意义	面积 A	重心位置 G
梯形	$CE=AB$ $AF=CD$ $CD=a$（上底边） $AB=b$（下底边） h——高	$A=\dfrac{a+b}{2}h$	$HG=\dfrac{h}{3}\dfrac{a+2b}{a+b}$ $KG=\dfrac{h}{3}\dfrac{2a+b}{a+b}$
任意四边形	a、b、c、d 为四边长，d_1、d_2 为两对角线长，φ 为两对角线夹角	$A=\dfrac{1}{2}d_1d_2\sin\varphi=\dfrac{1}{2}d_2(h_1+h_2)$ $=\sqrt{(p-a)(p-b)(p-c)(p-d)-abcd\cos\alpha}$ $p=\dfrac{1}{2}(a+b+c+d)$ $\varphi=\dfrac{1}{2}(\angle A+\angle C)$或$\dfrac{1}{2}(\angle B+\angle C)$	

A.2.3 内接多边形平面面积

内接多边形平面面积计算公式，见表 A-14。

内接多边形平面面积计算公式　　表 A-14

图　形	符号意义	面积 A	重心位置 G
等边多边形	a——边长 K_i——系数，i 指多边形的边数 R——外接圆半径 P_i——系数，i 指正多边形的边数	$A_i=K_ia^2=P_iR^2$ 正三边形 $K_3=0.433,P_3=1.299$ 正四边形 $K_4=1.000,P_4=2.000$ 正五边形 $K_5=1.720,P_5=2.375$ 正六边形 $K_6=2.598,P_6=2.598$ 正七边形 $K_7=3.634,P_7=2.736$ 正八边形 $K_8=4.828,P_8=2.828$ 正九边形 $K_9=6.182,P_9=2.893$ 正十边形 $K_{10}=7.694,P_{10}=2.939$ 正十一边形 $K_{11}=9.364,P_{11}=2.973$ 正十二边形 $K_{12}=11.196,P_{12}=3.000$	在内接圆心或外接圆心处

A.2.4 圆形、椭圆形平面面积

圆形、椭圆形平面面积计算公式，见表 A-15。

表 A-15

圆形、椭圆形平面积计算公式

图形	符号意义	面积 A	重心位置 G
圆形	r——半径 d——直径 L——圆周长	$A=\pi r^2=\dfrac{1}{4}\pi d^2$ $=0.785d^2$ $=0.07958L^2$ $L=\pi d$	在圆心上
椭圆形	a、b——主轴长	$A=\dfrac{\pi}{4}ab$	在主轴交点 G 上
扇形	r——半径 s——弧长 α——弧 s 的对应中心角	$A=\dfrac{1}{2}rs=\dfrac{\alpha}{360}\pi r^2$ $s=\dfrac{\alpha\pi}{180}r$	$GO=\dfrac{2}{3}\dfrac{rb}{s}$ 当 $\alpha=90°$时 $GO=\dfrac{4}{3}\dfrac{\sqrt{2}}{\pi}r\approx0.6r$
弓形	r——半径 s——弧长 α——中心角 b——弦长 h——高	$A=\dfrac{1}{2}r^2\left(\dfrac{\alpha\pi}{180}-\sin\alpha\right)$ $=\dfrac{1}{2}[r(s-b)+bh]$ $s=r\alpha=\dfrac{\pi}{180}r\alpha=0.0175r\alpha$ $h=r-\sqrt{r^2-\dfrac{1}{4}a^2}$	$GO=\dfrac{1}{12}\dfrac{b^2}{A}$ 当 $\alpha=180°$时 $GO=\dfrac{4r}{3\pi}=0.4244r$

续表

图　形	符号意义	面积 A	重心位置 G
圆环	R—外半径 r—内半径 D—外直径 d—内直径 t—环宽 D_{pj}—平均直径	$A=\pi(R^2-r^2)$ $=\dfrac{\pi}{4}(D^2-d^2)$ $=\pi D_{pj}t$	在圆心 O
部分圆环	R—外半径 r—内半径 R_{pj}—圆环平均直径 t—环宽	$A=\dfrac{\alpha\pi}{360}(R^2-r^2)$ $=\dfrac{\alpha\pi}{180}R_{pj}t$	$GO=38.2\times\dfrac{R^3-r^3}{R^2-r^2}\times\dfrac{\sin\frac{\alpha}{2}}{\frac{\alpha}{2}}$
抛物线形	b—底边 h—高 l—曲线长 S—△ABC 的面积	$l=\sqrt{b^2+1.3333h^2}$ $A=\dfrac{2}{3}bh=\dfrac{4}{3}S$	
新月形	$OO_1=L$—圆心间的距离 d—直径	$A=r^2\left(\pi-\dfrac{\pi}{180}\alpha+\sin\alpha\right)$ $=r^2P$ $P=\pi-\dfrac{\pi}{180}\alpha+\sin\alpha$ P 值见表 A-16	$O_1G=\dfrac{(\pi-P)L}{2P}$

新月形面积计算 P 值系数

表 A-16

L	$\dfrac{d}{10}$	$\dfrac{2d}{10}$	$\dfrac{3d}{10}$	$\dfrac{4d}{10}$	$\dfrac{5d}{10}$	$\dfrac{6d}{10}$	$\dfrac{7d}{10}$	$\dfrac{8d}{10}$	$\dfrac{9d}{10}$
P	0.40	0.79	1.18	1.56	1.91	2.25	2.25	2.81	3.02

A.3 体积计算公式

A.3.1 多面体体积

多面体体积计算公式，见表 A-17。

多面体的体积、底面积、表面积及侧面积计算公式

表 A-17

图　形	符号意义	体积 V、底面积 A、表面积 S、侧表面积 S_1	重心位置 G
立方体	a—棱长 d—对角线长度 S—表面积 S_1—侧表面积	$V=a^3$ $S=6a^2$ $S_1=4a^2$	在对角线交点上
长方体(棱柱)	a,b,h—边长 O—底面对角线交点 d—体对角线	$V=abh$ $S=2(ab+ah+bh)$ $S_1=2h(a+b)$ $d=\sqrt{a^2+b^2+h^2}$	$GO=\dfrac{h}{2}$
三棱柱	a,b,h—边长 h—高 O—底面中线的交点	$V=Ah$ $S=(a+b+c)h+2A$ $S_1=(a+b+c)h$	$GO=\dfrac{h}{2}$

续表

图形	符号意义	体积V、底面积A、表面积S、侧表面积S_1	重心位置G
正六角形	a——底边长； h——高； d——对角线	$V=\dfrac{3\sqrt{3}}{2}a^2h=2.5981a^2h$ $S=3\sqrt{3}a^2+6ah$ $=5.1962a^2+6ah$ $S_1=6ah$ $d=\sqrt{h^2+4a^2}$	$GQ=\dfrac{h}{2}$ （P,Q分别为上下底重心）
棱锥	f——一个组合三角形的面积； n——组合三角形的个数； O——锥底各对角线交点	$V=\dfrac{1}{3}Ah$ $S=nf+A$ $S_1=nf$	$GO=\dfrac{h}{4}$
截头方锥体	$a'、b'、a、b$——上下底边长； h——高； a_1——截头棱长	$V=\dfrac{h}{6}\left[ab+(a+a')(b+b')+a'b'\right]$ $a_1=\dfrac{a'b-ab'}{b-b'}$	$GQ=\dfrac{PQ}{2}\times\dfrac{ab+ab'+a'b+3a'b'}{2ab+ab'+a'b+2a'b'}$ （P,Q分别为上下底重心）

续表

图　形	符号意义	体积 V，底面积 A，表面积 S，侧表面积 S_1	重心位置 G
方棱形	底为矩形 a——边长 b——边长 h——高 a_1——上棱长	$V=\frac{1}{6}(2a+a_1)bh$	
棱台	A_1，A_2——两平行底面的面积 h——底面间的距离 a——一个组合梯形的面积 n——组合梯形数	$V=\frac{1}{3}h(A_1+A_2+\sqrt{A_1A_2})$ $S=an+A_1+A_2$ $S_1=an$	$GO=\frac{h}{4}\times\frac{A_1+2\sqrt{A_1A_2}+3A_2}{A_1+\sqrt{A_1A_2}+A_2}$
圆柱和空心圆柱(管)	R——外半径 r——内半径 t——柱壁厚度 p——平均半径 S_1——内外侧面积	圆柱：$V=\pi R^2h$ $S=2\pi Rh+2\pi R^2$ $S_1=2\pi Rh$ 空心直圆柱： $V=\pi h(R^2-r^2)=2\pi Rpth$ $S=2\pi(R+r)h+2\pi(R^2-r^2)$ $S_1=2\pi(R+r)h$	$GO=\frac{h}{2}$

续表

图　形	符号意义	体积 V、底面积 A、表面积 S、侧表面积 S_1	重心位置 G
斜截直圆柱	h_1——最小高度 h_2——最大高度 r——底面半径	$V=\pi r^2\dfrac{h_1+h_2}{2}$ $S=\pi r(h_1+h_2)+\pi r^2\left(1+\dfrac{1}{\cos\alpha}\right)$ $S_1=\pi r(h_1+h_2)$	$GO=\dfrac{h_1+h_2}{4}+\dfrac{r^2\tan^2\alpha}{4(h_1+h_2)}$ $GK=\dfrac{1}{2}\cdot\dfrac{r^2}{h_1+h_2}\tan\alpha$
交叉圆柱体	r——圆柱半径 $=\dfrac{d}{2}$； l,l——圆柱长	$V=\pi r^2\left(1+l-\dfrac{2r}{3}\right)$	在二轴线交点上
直圆锥	r——底面半径 h——高 l——母线长	$V=\dfrac{1}{3}\pi r^2h$ $S_1=\pi r\sqrt{r^2+h^2}=\pi rl$ $l=\sqrt{r^2+h^2}$ $S=S_1+\pi r^2$	$GO=\dfrac{h}{4}$
圆台	R,r——下、上底面半径 h——高 l——母线	$V=\dfrac{\pi h}{3}(R^2+r^2+Rr)$ $S_1=\pi l(R+r)$ $l=\sqrt{(R-r)^2+h^2}$ $S=S_1+\pi(R^2+r^2)$	$GO=\dfrac{h}{4}\cdot\dfrac{R^2+2Rr+3r^2}{R^2+Rr+r^2}$
圆锥形	R——底圆半径 h——高	$V=\dfrac{1}{2}\pi R^2h$	

续表

图形	符号意义	体积 V、底面积 A、表面积 S、侧表面积 S_1	重心位置 G
球	r——半径 d——直径	$V = \frac{4}{3}\pi r^3 = \frac{\pi d^3}{6}$ $= 0.5236 d^3$ $S = 4\pi r^2 = \pi d^2$	在球心上
球扇形（球楔）	r——球半径 d——弓形底圆直径 h——弓形高	$V = \frac{2}{3}\pi r^2 h = 2.0944 r^2 h$ $S = \frac{\pi r}{2}(4h+d)$ $= 1.57 r(4h+d)$	$GO = \frac{3}{8}(2r-h)$
球缺	h——球缺的高 r——球缺半径 d——平切圆直径 $S_曲$——曲面面积 S——球缺表面积	$V = \pi h^2 \left(r - \frac{h}{3}\right)$ $S_曲 = 2\pi rh = \pi\left(\frac{d^2}{4} + h^2\right)$ $S = \pi h(4r-h)$ $d^2 = 4h(2r-h)$	$GO = \frac{3}{4}\cdot\frac{(2r-h)^2}{(3r-h)}$
球带体	R——球半径； r_1, r_2——底面半径； h——腰高； h_1——球心 O 至带底圆心 O_1 的距离	$V = \frac{\pi h}{6}(3r_1^2 + 3r_2^2 + h^2)$ $S_1 = 2\pi Rh$ $S = 2\pi Rh + \pi(r_1^2 + r_2^2)$	$GO = h_1 + \frac{h}{2}$

续表

图 形	符号意义	体积V、底面积A、表面积S、侧表面积S₁	重心位置G
桶体	D—中间断面直径; d—底直径; l—桶高	对于抛物线形桶板: $V=\frac{\pi l}{15}\left(2D^2+Dd+\frac{3}{4}d^2\right)$ 对于圆形桶板: $V=\frac{\pi l}{12}(2D^2+d^2)$	在轴交点上
椭球体	a,b,c—半轴	$V=\frac{4}{3}abc\pi$ $S=2\sqrt{2}\cdot b\cdot\sqrt{a^2+b^2}$	在轴交点上
圆环体	R—圆环体平均半径 D—圆环体平均直径 d—圆环体截面直径 r—圆环体截面半径	$V=2\pi^2Rr^2=\frac{1}{4}\pi^2Dd^2$ $S=4\pi^2Rr$ $=\pi^2Dd=39.478Rr$	在环中心上
弹簧	A—截面积; x—圈数	$V=Ax\sqrt{9.86965D^2+P^2}$	

A.3.2 物料堆体体积

物料堆体积计算公式，见表 A-18。

物料堆体积计算公式　　　　　　　　　　　表 A-18

图　形	计　算　公　式
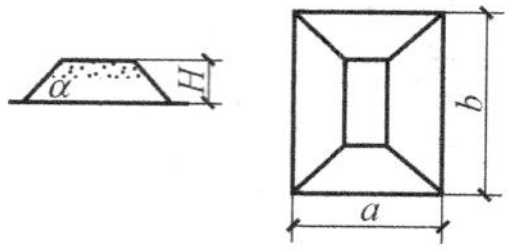	$$V = H\left[ab - \frac{H}{\tan\alpha}\left(a + b - \frac{4H}{3\tan\alpha}\right)\right]$$ α——物料自然堆积角
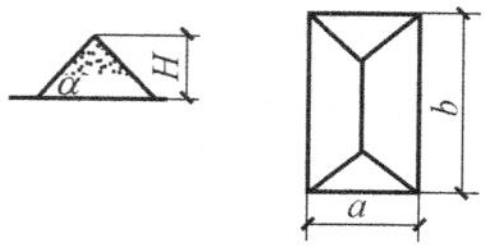	$$a = \frac{2H}{\tan\alpha}$$ $$V = \frac{aH}{6}(3b - a)$$
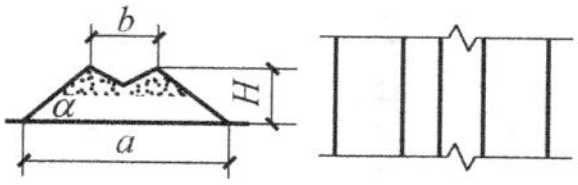	$$V_0(\text{延米体积}) = \frac{H^2}{\tan\alpha} + bH - \frac{b^2}{4}\tan\alpha$$

A.4　建筑工程材料及构件质量

A.4.1　建筑工程材料质量

A.4.1.1　木材自重，见表 A-19。

木材自重　　　　　　　　　　　　表 A-19

名　称	自重(kN/m³)	备　注
杉木	4	随含水率而不同
冷杉、云杉、红松、华山松、樟子松、铁杉、拟赤杨、红椿、杨木、枫杨	4～5	随含水率而不同
马尾松、云南松、油松、赤松、广东松、桤木、枫香、柳木、榛木、秦岭落叶松、新疆落叶松	5～6	随含水率而不同
东北落叶松、陆均松、榆木、桦木、水曲柳、苦榛、木荷、臭椿	6～7	随含水率而不同
锥木(栲木)、石栎、槐木、乌墨	7～8	随含水率而不同
青风砾(楮木)、栎木(柞木)、桉树、木麻黄	8～9	随含水率而不同

名　　　称	自重(kN/m³)	备　　注
普通木板条、椽檩木料	5	随含水率而不同加防腐剂时为3kN/m³
锯末	2～2.5	
木丝板	4～5	
软木板	2.5	
刨花板	6	

A.4.1.2　胶合板自重，见表 A-20。

胶合板自重　　　　　　　　　　　表 A-20

名　　　称	自重(kN/m²)	备　　注
胶合三夹板(杨木)	0.019	
胶合三夹板(椴木)	0.022	
胶合三夹板(水曲柳)	0.028	
胶合五夹板(杨木)	0.03	
胶合五夹板(椴木)	0.034	
胶合五夹板(水曲柳)	0.04	
甘蔗板(按 10mm 厚计)	0.03	常用厚度为 13mm,15mm,19mm,25mm
隔声板(按 10mm 厚计)	0.03	常用厚度为 13mm,20mm
木屑板(按 10mm 厚计)	0.12	常用厚度为 6mm,10mm

A.4.1.3　矿产品自重，见表 A-21。

矿产品自重　　　　　　　　　　　表 A-21

名　称	自重(kN/m³)	备注	名　称	自重(kN/m³)	备注
铸铁	72.5		铝合金	28	
锻铁	77.5		锌	70.5	
铁矿渣	27.6		亚锌矿	40.5	
赤铁矿	25～30		铅	114	
钢	78.5		方铅矿	74.5	
紫铜、赤铜	89		金	193	
黄铜、青铜	85		白金	213	
硫化铜矿	42		银	105	
铝	27		锡	73.5	

续表

名　称	自重(kN/m³)	备注	名　称	自重(kN/m³)	备注
镍	89		石棉	4	松散、含水量不大于15%
水银	136				
钨	189		白垩（高岭土）	22	
镁	18.5				
锑	66.6				粗块堆放、堆角 $\varphi=30°$ 细块堆放 $\varphi=40°$
水晶	29.5		石膏矿	25.5	
硼砂	17.5				
硫矿	20.5				
石棉矿	24.6		石膏	13～14.5	
石棉	10	压实	石膏粉	9	

A.4.1.4　土、砂、石自重，见表 A-22。

土、砂、石自重　　　　　　表 A-22

名　称	自重(kN/m³)	备　注
腐殖土	15～16	干,堆角 $\varphi=40°$;湿, $\varphi=35°$;很湿, $\varphi=25°$
黏土	13.5	干,松,空隙比为 1.0
黏土	16	干, $\varphi=40°$,压实
黏土	18	湿, $\varphi=35°$,压实
黏土	20	很湿, $\varphi=20°$,压实
砂土	12.2	干,松
砂土	16	干, $\varphi=35°$,压实
砂土	18	湿, $\varphi=35°$,压实
砂土	20	很湿, $\varphi=25°$,压实
砂子	14	干,细砂
砂子	17	干,粗砂
卵石	16～18	干
黏土夹卵石	17～18	干,松
砂夹卵石	15～17	干,松
砂夹卵石	16～19.2	干,压实
砂夹卵石	18.9～19.2	湿
浮石	6～8	干
浮石填充料	4～6	
砂岩	23.6	
页岩	28	
页岩	14.8	片石堆置, $\varphi=40°$
泥灰石	14	
花岗石、大理石	28	

名　　称	自重(kN/m³)	备　　注
花岗石	15.4	片石堆置
石灰石	26.4	
石灰石	15.2	片石堆置
贝壳石灰石	14	
白云石	16	片石堆置,$\varphi=48°$
滑石	27.1	
火石(燧石)	35.2	
云斑石	27.6	
玄武岩	29.5	
长石	25.5	
角闪石、缘石	30	
角闪石、缘石	17.1	片石堆置
碎石子	14～15	堆置
岩粉	16	黏土质或石灰质的
多孔黏土	5～8	作填充料用,$\varphi=35°$
硅藻土填充料	4～6	
辉绿岩板	29.5	

A.4.1.5　砖及砌块自重，见表 A-23。

砖及砌块自重　　　　　　　　　　表 A-23

名　　称	自重(kN/m³)	备　　注
普通砖	18	240mm×115mm×53mm(684 块/m³)
普通砖	19	机器制
缸砖	21.0～21.5	230mm×110mm×65mm(609 块/m³)
红缸砖	20.4	
耐火砖	19～22	230mm×110mm×65mm(609 块/m³)
耐酸瓷砖	23～25	230mm×113mm×65mm(590 块/m³)
灰砂砖	18	砂：白灰＝92：8
煤渣砖	17.0～18.5	
矿渣砖	18.5	硬矿渣：烟灰：石灰＝75：15：10
焦渣砖	12～14	
烟灰砖	14～15	炉渣：电石渣：烟灰＝30：40：30

续表

名　称	自重(kN/m³)	备　注
黏土坯	12～15	
锯末砖	9	
焦渣空心砖	10	290mm×290mm×140mm(85 块/m³)
水泥空心砖	9.8	290mm×290mm×140mm(85 块/m³)
水泥空心砖	10.3	300mm×250mm×110mm(121 块/m³)
水泥空心砖	9.6	300mm×250mm×160mm(83 块/m³)
蒸压粉煤灰砖	14～16	干相对密度
陶粒空心砌块	5	长 60mm、400mm，宽 150mm、250mm，高 250mm、200mm
陶粒空心砌块	6	390mm×290mm×190mm
粉煤灰轻渣空心砌块	7～8	390mm×190mm×190mm，390mm×240mm×190mm
蒸压粉煤灰加气混凝土砌块	5.5	
混凝土空心小砌块	11.8	390mm×190mm×190mm
碎砖	12	堆置
水泥花砖	19.8	200mm×200mm×24mm(1042 块/m³)
瓷面砖	19.8	150mm×150mm×8mm(5556 块/m³)
陶瓷锦砖	0.12kN/m²	厚 5mm

A.4.1.6　石灰、水泥、灰浆及混凝土自重，见表 A-24。

石灰、水泥、灰浆及混凝土自重　　　　表 A-24

名　称	自重(kN/m³)	备　注
生石灰块	11	堆置，$\varphi=30°$
生石灰粉	12	堆置，$\varphi=35°$
熟石灰膏	13.5	
石灰砂浆、混合砂浆	17	
水泥石灰焦砟砂浆	14	

名　　称	自重(kN/m³)	备　　注
石灰炉渣	10～12	
水泥炉渣	12～14	
石灰焦砟砂浆	13	
灰土	17.5	石灰：土＝3：7,夯实
稻草石灰泥	16	
纸筋石灰泥	16	
石灰锯末	3.4	石灰：锯末＝1：3
石灰三合土	17.5	石灰、砂子、卵石
水泥	12.5	轻质松散,$\varphi=20°$
水泥	14.5	散装,$\varphi=30°$
水泥	16	袋装压实,$\varphi=40°$
矿渣水泥	14.5	
水泥砂浆	20	
水泥蛭石砂浆	5～8	
石灰水泥浆	19	
膨胀珍珠岩砂浆	7～15	
石膏砂浆	12	
碎砖混凝土	18.5	
素混凝土	22～24	振捣或不振捣
矿渣混凝土	20	
焦渣混凝土	16～17	承重用
焦渣混凝土	10～14	填充用
铁屑混凝土	28～65	
浮石混凝土	9～14	
沥青混凝土	20	
无砂大孔混凝土	16～19	
泡沫混凝土	4～6	
加气混凝土	5.5～7.5	单块

续表

名　　　称	自重(kN/m³)	备　　注
石灰粉煤灰加气混凝土	6.0～6.5	
钢筋混凝土	24～25	
碎砖钢筋混凝土	20	
钢丝网水泥	25	用于承重结构
水玻璃耐酸混凝土	20.0～23.5	
粉煤灰陶粒混凝土	19.5	

A.4.1.7　玻璃及矿产品制品自重，见表 A-25。

玻璃及矿产品制品自重　　　　　表 A-25

名　　　称	自重(kN/m³)	备　　注
普通玻璃	25.6	
钢丝玻璃	26	
泡沫玻璃	3～5	
玻璃棉	0.5～1	作绝缘层填充料用
岩棉	0.5～2.5	
沥青玻璃棉	0.8～1	导热系数 0.03～0.04[W/(m・K)]
玻璃棉板(管套)	1～1.5	导热系数 0.03～0.04[W/(m・K)]
玻璃钢	14～22	
矿渣棉	1.2～1.5	松散,导热系数 0.027～0.038[W/(m・K)]
矿渣棉制品(板、砖、管)	3.5～4	导热系数 0.04～0.06[W/(m・K)]
沥青矿渣棉	1.2～1.6	导热系数 0.035～0.045[W/(m・K)]
膨胀珍珠岩粉料	0.8～2.5	干，松散，导热系数 0.045～0.065[W/(m・K)]
水泥珍珠岩制品	3.5～4	强度 0.4～0.8N/mm² 导热系数 0.05～0.07[W/(m・K)]
膨胀蛭石	0.8～2	导热系数 0.045～0.06[W/(m・K)]
沥青蛭石制品	3.5～4.5	导热系数 0.07～0.09[W/(m・K)]
水泥蛭石制品	4～6	导热系数 0.08～0.12[W/(m・K)]
聚氯乙烯板(管)	13.6～16	
聚苯乙烯泡沫塑料	0.5	导热系数不大于 0.03[W/(m・K)]
石棉板	13	含水率不大于 3%

A.4.1.8　沥青、煤灰、油料自重，见表 A-26。

沥青、煤灰、油料自重　　表 A-26

名　　称	自重(kN/m³)	备　　注
石油沥青	10~11	根据相对密度
柏油	12	
煤沥青	13.4	
煤焦油	10	
无烟煤	15.5	整体
无烟煤	9.5	块状堆放,$\varphi=30°$
无烟煤	8	碎块堆放,$\varphi=35°$
煤末	7	堆放,$\varphi=15°$
煤球	10	堆放
褐煤	12.5	
褐煤	7~8	堆放
泥炭	7.5	
泥炭	3.2~3.4	堆放
木炭	3~5	
煤焦	12	
煤焦	7	堆放,$\varphi=45°$
焦渣	10	
煤灰	6.5	
煤灰	8	压实
石墨	20.8	
煤蜡	9	
油蜡	9.6	
原油	8.8	
煤油	8	
煤油	7.2	桶装,相对密度 0.82~0.89
润滑油	7.4	
汽油	6.7	
汽油	6.4	桶装,相对密度 0.72~0.76
动物油、植物油	9.3	
豆油	8	大铁桶装,每桶 360kg

A.4.2 常用建筑工程构件质量
A.4.2.1 砌体自重，见表 A-27。

砌体自重   表 A-27

名 称	自重(kN/m³)	备 注
浆砌细方石	26.4	花岗石,方整石块
浆砌细方石	25.6	石灰石
浆砌细方石	22.4	砂岩
浆砌毛方石	24.8	花岗石,上下面大致平整
浆砌毛方石	24	石灰石
浆砌毛方石	20.8	砂岩
干砌毛石	20.8	花岗石,上下面大致平整
干砌毛石	20	石灰石
干砌毛石	17.6	砂岩
浆砌普通砖	18	
浆砌机砖	19	
浆砌缸砖	21	
浆砌耐火砖	22	
浆砌矿渣砖	21	
浆砌焦渣砖	12.5～14.0	
土坯砌体砖	16	
普通砖空斗砌体	17	中填碎瓦砾、一眠一斗
普通砖空斗砌体	13	全斗
普通砖空斗砌体	12.5	不能承重
普通砖空斗砌体	15	能承重
粉煤灰泡沫砌块砌体	8.0～8.5	粉煤灰：电石渣：废石膏＝74：22：4
三合土	17	灰：砂：土＝1：1：9～1：1：4

A.4.2.2 隔墙与墙面自重，见表 A-28。

隔墙与墙面自重　　　　　　　　　表 A-28

名　　　称	自重（kN/m²）	备　　　注
双面抹灰板条隔墙	0.9	每面抹灰厚 16～24mm，龙骨在内
单面抹灰板条隔墙	0.5	灰厚 16～24mm，龙骨在内
C 型轻钢龙骨隔墙	0.27	两层 12mm 纸面石膏板，无保温层
C 型轻钢龙骨隔墙	0.32	两层 12mm 纸面石膏板，中填岩棉保温板 50mm
C 型轻钢龙骨隔墙	0.38	三层 12mm 纸面石膏板，无保温层
C 型轻钢龙骨隔墙	0.43	三层 12mm 纸面石膏板，中填岩棉保温板 50mm
C 型轻钢龙骨隔墙	0.49	四层 12mm 纸面石膏板，无保温层
C 型轻钢龙骨隔墙	0.54	四层 12mm 纸面石膏板，中填岩棉保温板 50mm
贴瓷砖墙面	0.5	包括水泥砂浆打底，共厚 25mm
水泥粉刷墙面	0.36	20mm 厚，水泥粗砂
水磨石墙面	0.55	25mm 厚，包括打底
水刷石墙面	0.5	25mm 厚，包括打底
石灰粗砂粉刷	0.34	20mm 厚
剁假石墙面	0.5	25mm 厚，包括打底
外墙拉毛墙面	0.7	包括 25mm 水泥砂浆打底

A.4.2.3　屋架及门窗自重，见表 A-29。

屋架及门窗自重　　　　　　　　　表 A-29

名　　　称	自重（kN/m²）	备　　　注
木屋架	0.07＋0.007×跨度	按屋面水平投影面积计算，跨度以米计
钢屋架	0.12＋0.011×跨度	无天窗，包括支撑，按屋面水平投影面积计算，跨度以米计
木框玻璃窗	0.2～0.3	
钢框玻璃窗	0.4～0.45	
木门	0.1～0.2	
钢铁门	0.4～0.45	

A.4.2.4 屋顶自重，见表 A-30。

屋顶自重   表 A-30

名　　称	自重(kN/m²)	备　　注
黏土平瓦屋面	0.55	按实际面积计算,以下同
水泥平瓦屋面	0.50～0.55	
小青瓦屋面	0.9～1.1	
冷摊瓦屋面	0.5	
石板瓦屋面	0.46	厚 6.3mm
石板瓦屋面	0.71	厚 9.5mm
石板瓦屋面	0.96	厚 12.1mm
麦秸泥灰顶	0.16	以 10mm 厚计
石棉板瓦	0.18	仅瓦自重
波形石棉瓦	0.2	1820mm×725mm×8mm
白铁皮	0.05	24 号
瓦楞铁	0.05	26 号
彩色钢板波形瓦	0.12～0.13	彩色钢板厚 0.6mm
拱形彩色钢板屋面	0.3	包括保温及灯具自重 0.15kN/m²
有机玻璃屋面	0.06	厚 1.0mm
玻璃屋顶	0.2	9.5mm 夹丝玻璃,框架自重在内
玻璃砖顶	0.65	框架自重在内
油毡防水层(包括改性沥青防水卷材)	0.05	一层油毡刷油两遍
油毡防水层(包括改性沥青防水卷材)	0.25～0.30	四层做法,一毡二油上铺小石子
油毡防水层(包括改性沥青防水卷材)	0.30～0.35	六层做法,二毡三油上铺小石子
油毡防水层(包括改性沥青防水卷材)	0.35～0.40	八层做法,三毡四油上铺小石子
捷罗克防水层	0.1	厚 8mm
屋顶天窗	0.35～0.40	9.5mm 夹丝玻璃,框架自重在内

A.4.2.5 顶棚自重，见表 A-31。

顶棚自重 表 A-31

名　　称	自重(kN/m²)	备　　注
钢丝网抹灰吊顶	0.45	
麻刀灰板条顶棚	0.45	吊木在内,平均灰厚 20mm
砂子灰板条顶棚	0.55	吊木在内,平均灰厚 25mm
苇箔抹灰顶棚	0.48	吊木龙骨在内
松木板顶棚	0.25	吊木在内
三夹板顶棚	0.18	吊木在内
马粪纸顶棚	0.15	吊木及盖缝条在内
木丝板吊顶棚	0.26	厚 25mm,吊木及盖缝条在内
木丝板吊顶棚	0.29	厚 30mm,吊木及盖缝条在内
隔声纸板顶棚	0.17	厚 10mm,吊木及盖缝条在内
隔声纸板顶棚	0.18	厚 13mm,吊木及盖缝条在内
隔声纸板顶棚	0.2	厚 20mm,吊木及盖缝条在内
V 形轻钢龙骨吊顶	0.12	一层 9mm 纸面石膏板,无保温层
V 形轻钢龙骨吊顶	0.17	一层 9mm 纸面石膏板,有厚 50mm 的岩棉板保温层
V 形轻钢龙骨吊顶	0.20	二层 9mm 纸面石膏板,无保温层
V 形轻钢龙骨吊顶	0.25	二层 9mm 纸面石膏板,有厚 50mm 的岩棉板保温层
V 形轻钢龙骨吊顶及铝合金龙骨吊顶	0.10～0.12	一层矿棉吸声板厚 15mm,无保温层
顶棚上铺焦渣锯末绝缘层	0.2	厚 50mm,焦渣、锯末按 1∶5 混合

A.4.2.6 地面自重，见表 A-32。

地面自重 表 A-32

名　　称	自重(kN/m²)	备　　注
地板格栅	0.2	仅格栅自重
硬木地板	0.2	厚 25mm,剪刀撑、钉子等自重在内,不包括格栅自重

续表

名　　称	自重(kN/m²)	备　　注
松木地板	0.18	
小瓷砖地面	0.55	包括水泥粗砂打底
水泥花砖地面	0.6	砖厚25mm,包括水泥粗砂打底
水磨石地面	0.65	10mm面层,20mm水泥砂浆打底
油地毡	0.02~0.03	油地纸、地板表面用
木块地面	0.7	加防腐油膏铺砌厚76mm
菱苦土地面	0.28	厚20mm
铸铁地面	4~5	60mm碎石垫层,60mm面层
缸砖地面	1.7~2.1	60mm砂垫层,53mm面层,平铺
缸砖地面	3.3	60mm砂垫层,115mm面层,侧铺
黑砖地面	1.5	砂垫层,平铺

A.5 材料用量计算公式

A.5.1 土建材料用量计算公式

A.5.1.1 土建材料的分类。土建材料耗用量一般按三类情况,分别计算:

(1)半成品性质的材料,如灰土等,其消耗量的计算公式为:

半成品材料消耗量=定额单位×(1+损耗率)

(2)单一性质的材料,如天然级配砂、毛石、碎石、碎砖等,其消耗量的计算公式为:

单一材料消耗量=定额单位×压实系数×(1+损耗率)

(3)充灌性质的材料,如砂浆、砂等,其消耗量的计算公式为:

充灌材料消耗量=(骨料比重-骨料容重×压实系数)/
骨料比重×填充密实度×(1+损耗率)×定额单位

A.5.1.2 垫层材料

(1)垫层分为地面垫层和槽、坑垫层。铺设垫层材料要根据压实系数计算,压实系数计算公式为:

$$压实系数=\frac{虚铺厚度}{压实厚度}$$

常用垫层材料的压实系数，见表 A-33。

常用垫层材料的压实系数 　　　　表 A-33

材 料 名 称	压实系数	材 料 名 称	压实系数
毛石	1.20	干铺炉渣	1.20
砂	1.13	灰土	1.60
碎(砾)石	1.08	碎(砾)石三、四合土	1.45
天然级配砂石	1.20	石灰炉(矿)渣	1.455
人工级配砂石	1.04	水泥石灰炉(矿)渣	1.455
碎砖	1.30	黏土	1.40

（2）垫层材料计算方法：

1）质量比计算方法：

每 $1m^3$ 混合物质量＝

$$\frac{单位体积}{\dfrac{甲材料比例数}{甲材料表观密度}+\dfrac{乙材料比例数}{乙材料表观密度}+\dfrac{丙材料比例数}{丙材料表观密度}}$$

材料净用量＝混合物重量×材料比例数×压实系数

2）体积比计算方法：

每 $1m^3$ 材料用量＝某材料表观密度或 $1m^3$ 体积

$$\times\frac{虚铺总厚度}{压实总厚度}\times某材料百分比$$

A.5.1.3　砌砖石及砌块材料

（1）常用有关数据

1）标准砖尺寸及灰缝厚。

标准砖尺寸：长×宽×厚＝240mm×115mm×53mm

灰缝厚度：10mm

2）单位正方体的砌砖用量，如图 A-1 所示。

砖长：4 块×（0.24＋0.01）＝1m

砖宽：8 块×（0.115＋0.01）＝1m

砖厚：16 块×（0.053＋0.01）＝1.008≈1m

每立方米用砖量＝4×8×16＝512 块

3）无灰缝堆码 1m³ 砖理论数量：

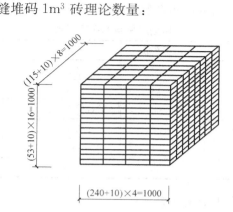

图 A-1 单位正立方体砌砖用量示意图

$$净码砖数 = \frac{1}{0.24 \times 0.115 \times 0.053} = 683.6 \ 块/m^3$$

4）各种砖墙每皮每米标准砖块数，见表 A-34。

各种砖墙每皮每米标准砖块数 　　表 A-34

墙厚(mm)	每皮每米标准砖块数
半砖(115)	4
一砖(240)	8
一砖半(365)	12
二砖(490)	16
二砖半(615)	20

（2）砖基础

砖基础由直墙基础和大放脚基础两部分组成，见图 A-2。计算公式为：

$$每 1m^3 \ 砖基础净用砖量 = \frac{直墙基砖的块数 + 放脚基础砖的块数}{1m \ 长砖基础体积}$$

$$= \frac{(基墙基高 \div 0.063) \times 每层砖块数 + \sum 每层放脚砖块数 \times \dfrac{层厚}{0.063}}{1m \ 长砖基础体积}$$

$$砖浆净用量 = 1 - 0.24 \times 0.115 \times 0.053 \times 标准砖数量$$
$$= 1 - 0.0014628 \times 砖数$$

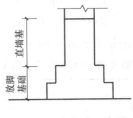

图 A-2 砖基础示意图

（3）砖墙

1）普通黏土砖墙的材料净用量计算公式：

$$每\,1m^3\,标准（砖净用量）= \frac{1}{墙厚 \times（砖长+灰缝）\times（砖厚+灰缝）\times 墙厚的砖数 \times 2}$$

式中 墙厚（砖）——是以砖数表示的墙厚，如：1/4 砖、1/2 砖、3/4 砖、1 砖等；

墙厚（m）——以米数表示的墙厚，如：0.053m、0.115m、0.18m、0.24m 等；

砖长 = 0.24m；

砖厚 = 0.053m；

灰缝（标准）= 0.01m。

由于上式中砖长、砖厚和灰缝是常数，因此上式可近似地简化为：

$$砖净用量 = 127 \times 墙厚（砖数）/墙厚（m）$$

或

$$砖净用量 = \frac{1}{墙厚 \times 0.25 \times 0.063} \times K$$
$$= \frac{1}{墙厚 \times 0.01575} \times K$$

式中 墙厚 $\times$ 0.01575——砌体中标准块的体积；

K——每个标准块中标准砖数量，例如，墙厚
120mm，$K=1$；墙厚 180mm，$K=1.5$；
墙厚 240mm，$K=2$；墙厚 370mm，$K=$
3；墙厚 490mm，$K=4$；依次类推。

2）不同厚度的每立方米砖墙中砖的用量，见表 A-35。

每立方米砖墙中砖的用量 表 A-35

墙厚（砖数）	1/4	1/2	3/4	1	1.5	2	2.5	3
墙厚（mm）	53	115	180	240	365	490	615	740
净用量（块）	589.98	552.10	535.05	529.10	521.85	518.30	516.20	514.80
定额消耗量（块）	615.85	564.11	551.00	531.40	535.00	530.90		

3）砖筑砂浆净用量的计算公式：

砂浆净用量$(m^3/m^3)=1-$砖单块体积$(m^3/$块$)\times$砖净用量（块$/m^3$）

砂浆净用量$=1-0.0014628\times$砖数

4）消耗量计算。

消耗量$=$净用量$\times(1+$损耗率$)$

常见砌筑材料的定额损耗率，见表 A-36。

部分材料损耗率表 表 A-36

序号	材料名称	工程项目类型	定额损耗率（%）
1	普通黏土砖	砖基础	0.5
2	普通黏土砖	地面、屋面	1.5
3	普通黏土砖	实砌砖墙	2.0
4	普通黏土砖	矩形砖柱	3.0
5	普通黏土砖	异型砖柱	7.0
6	毛石	砌体	2.0
7	多孔砖	轻质砌体	2.0
8	砌筑砂浆	砖砌体	1.0
9	砌筑砂浆	多孔砖	10.0

（4）砖柱

1）砖柱参数表，见表 A-37。

砖柱参数 表 A-37

名　　称	一层块数	断面尺寸(m)	竖缝长度(m)
矩形柱	2	0.24×0.24	0.24
	3	0.24×0.365	0.48
	4.5	0.365×0.365	0.96
	6	0.365×0.49	1.45
	8	0.49×0.49	1.93
圆柱	8	0.49×0.49	1.93
	12.5	0.615×0.615	3.16

注：灰缝厚 10mm。

2）矩形砖柱一层砖数，如图 A-3 所示。

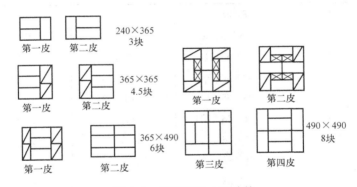

图 A-3 矩形砖柱一层砖数

3）矩形砖柱计算公式：

砖净用量＝一层砖块数/［矩形柱断面积×（砖厚＋灰缝）］

砂浆净用量＝1－0.0014628×砖净用量

4）圆形砖柱计算公式：

$$砖净用量＝\frac{一层砖块数}{圆柱断面积×（砖厚＋灰缝）}$$

$$圆柱砂浆净用量＝\frac{（圆柱断面积＋竖缝长×砖厚）×0.01}{圆柱断面积×（砖厚＋灰缝）}$$

（5）砌块墙

1）加气混凝土计算公式：

$$砌块净用量=\frac{1}{（砌块长+灰缝）×（砌块厚+灰缝）×墙厚}$$

$$砂浆净用量=1-砌块净用量×每块砌块体积$$

2）空心砌块墙、硅酸盐砌块墙计算公式：

$$砌块净用量=\frac{1}{墙厚×（砌块长+灰缝）×（砌块厚+灰缝）}$$
$$×各种规格砌块比例$$

$$砂浆净用量=1-砌块净用量×每块砌块体积$$

3）硅酸盐砌块规格及单位数量，见表 A-38。

硅酸盐砌块规格及单位数量　　　表 A-38

序号	规格（cm）	m³/块	块（m³）
1	28×38×24	0.025536	39.16
2	43×38×24	0.039216	25.5
3	58×38×24	0.052896	18.91
4	88×38×24	0.080256	12.46
5	28×38×18	0.019152	52.23
6	38×38×18	0.025992	38.47
7	58×38×18	0.039672	25.21
8	78×38×18	0.053352	18.74
9	88×38×18	0.060192	16.61
10	98×38×18	0.067032	14.93
11	118×38×18	0.080712	12.39

注：硅酸盐砌块按表观密度（1500kg/m³）计。

（6）石柱

方整石柱计算公式

$$方整石=\frac{每块方整石体积×2块}{柱断面×（每层石厚+灰缝）}（m³/m³）$$

$$砂浆净用量=1-\frac{石长×（石宽-0.005）×（石厚-0.01）×2}{柱断面×（每层石厚+灰缝）}$$

(7) 石墙

1) 方整石墙计算公式

规格：400mm×220mm×200mm

$$方整石净用量=\frac{石长×石宽×石厚}{墙厚×(石长+灰缝)×(石厚+灰缝)}(m^3/m^3)$$

$$砂浆净用量=1-\frac{墙厚×(石长-0.01)×(石厚-0.01)}{墙厚×(石长+灰缝)×(石厚+灰缝)}$$

2) 毛石砌体计算公式

$$毛石空隙率=\frac{毛石密度-毛石堆积密度}{毛石密度}×100\%$$

$$毛石用量(m^3)=\frac{1}{\frac{毛石堆积密度×(1+毛石空隙率)}{毛石密度}}$$

毛石空隙由砌筑砂浆填充，即为砂浆净用量。

A.5.1.4 混凝土

(1) 沥青混凝土

1) 沥青混凝土配合比，见表 A-39。

沥青混凝土配合比　　　　　　表 A-39

配比类别	石子(%)			砂(%)		填充料(%)	沥青(%)
	粒径(mm)						人工夯实计算
	35 以内	25 以内	15 以内	5 以内	1.5 以内		
粗粒式	40			37.5	16.5		6
中粒式		40		41	19		7
细粒式			29.5	49.5	21		8

2) 沥青混凝土配合比计算公式：

$$石子用量=沥青混凝土表观密度×\frac{石子比例数}{石子表观密度}$$

$$砂用量=沥青混凝土表观密度×\frac{砂比例数}{砂表观密度}$$

$$填充料用量＝沥青混凝土表观密度×填充料比例数$$
$$沥青用量＝沥青混凝土表观密度×沥青比例数$$

（2）耐酸混凝土

1）耐酸混凝土配合比，参考表 A-40。

耐酸混凝土配合比　　　表 A-40

材料名称		每 1m³ 混凝土材料需用量							
		第一种		第二种		第三种		第四种	
		kg	%	kg	%	kg	%	kg	%
碎石	40～25mm	—	—	527	28.2	—	—	371	19.0
	25～12mm	666	33.3	286	14.1	435	21.1	186	9.6
	12～6mm	334	16.7	143	7.1	321.5	15.5	93	4.8
砂子	6～3mm	250	12.5	250	12.6	335	16.4	325	16.7
	3～1mm	150	7.5	160	8.0	195	9.5	195	10.0
	1～0.15mm	100	5.0	100	5.0	130	5.0	130	6.6
粉状填充料		500	25	500	25	650	32.5	650	33.3
水玻璃		200	40	200	40	260	40	260	40
氟硅酸钠		30	6	30	6	39	6	39	6

注：1. 水玻璃用量为粉状填充料的 40%。
　　2. 氟硅酸钠用量为粉状填充料的 6%。

2）耐酸混凝土配合比计算公式：

$$材料用量＝耐酸混凝土表观密度×材料比例$$

A.5.1.5　层面瓦

（1）层面瓦规格及搭接长度（见表 A-41）。

屋面瓦规格及搭接长度　　　表 A-41

项目	规格(mm)		搭接(mm)		每块瓦的利用率(%)	每 1m² 用量(块)
	长	宽	长	宽		
水泥平瓦	385	235	85	33	67	16.91
黏土平瓦	380	240	80	33	68.09	16.51

项目	规格(mm)		搭接(mm)		每块瓦的利用率(%)	每1m²用量(块)
	长	宽	长	宽		
小波石棉瓦	1820	725	150	62.5	83.8	0.99
大波石棉瓦	2800	994	150	165.7	78.89	0.40

注：本表中每1m²用量已包括损耗量。

（2）屋面瓦用量计算公式

$$100m^2屋面瓦用量 = \frac{100}{(瓦长-搭接长)\times(瓦宽-搭接宽)} \times (1+损耗率)$$

式中　瓦有效长——规格长减搭接长；

瓦有效宽——规格宽减搭接宽。

A.5.1.6　卷材

（1）防水卷材常用品种规格（见表A-42）。

防水卷材常用品种规格　　　表 A-42

名称	标号	宽度(mm)	厚度(mm)	长度(m)	面积(m²)	每卷质量(kg)	原纸质量(g/m²)
石油沥青油毡	粉毡-200	915~1000		20~22	20±0.3	17.5	200
	片毡-200					20.5	200
	粉毡-350					28.5	350
	片毡-350					31.5	350
	粉毡-500					39.5	500
	片毡-500					42.5	500
石油沥青油纸	石纸-200	915~1000		20~22	20±0.3	7.5	200
	石纸-350					13.0	350
矿渣棉纸油毡		915		22	20±0.3	31.5	400
沥青玻璃布油毡					20±0.3	14	
再生胶卷材		1000±0.01	1.2±0.2	20	20±0.3		
焦油沥青低温油毡	砂-350	1000		10	10±0.15	25	
三元乙丙一丁基橡胶卷材		1000~1200	1.0、1.2 1.5、2.0	20	20~40	24~48	

续表

名称	标号	宽度 （mm）	厚度 （mm）	长度 （m）	面积 （m²）	每卷质量 （kg）	原纸 质量 （g/m²）
氯化聚乙烯卷材		1000	1.20	20	20		
LYX·630 氯化 聚乙烯卷材		900	1.20		20	36	
聚氯乙烯卷材		1000±20	1.6 1.8 2.0	10	10	24 27 30	
三元乙丙彩色 复合卷材		1000 1500	0.4(面层) 0.8(底层)	20 15	20 22.5	33	
自粘化纤胎卷材		1000	1.4(面层) 0.4 (胶粘层)	2.0±0.2		43±1	

（2）卷材搭接宽度（见表 A-43）。

卷材搭接宽度　　　　　　　　表 A-43

搭接方向		短边搭接宽度(mm)		长边搭接宽度(mm)	
卷材种类	铺贴方法	满粘法	空铺法 点粘法 条粘法	满粘法	空铺法 点粘法 条粘法
沥青防水卷材		100	150	70	100
高聚物改性沥青 防水卷材		80	100	80	100
合成高分子 防水卷材	粘接法	80	100	80	100
	焊接法	50			

（3）防水卷材用量计算公式

每100m² 卷材用量＝

$$\frac{卷材每卷面积×100}{(卷材宽-长边搭接)×(卷材长-短边搭接×2个)}$$

A.5.2 装饰材料用量计算公式

A.5.2.1 砂浆及灰浆

（1）一般抹灰砂浆。一般抹灰砂浆配合比都按体积比计算，计算公式为：

$$砂消耗量（m^3）=\frac{砂比例数}{配合比总比例数-砂比例数\times砂空隙率}$$
$$\times(1+损耗率)$$

$$水泥消耗量（kg）=\frac{水泥比例数\times水泥宽度}{砂比例数}$$
$$\times砂用量\times(1+损耗率)$$

$$石灰膏消耗量（m^3）=\frac{石灰膏比例数}{砂比例数}\times砂用量\times(1+损耗率)$$

当砂子用量计算超过 1m³ 时，因其孔隙容积已大于灰浆数量，均按 1m³ 计算。

砂子密度 2650kg/m³，表观密度 1590kg/m³，砂子孔隙率 $=\left(1-\frac{1590}{2650}\right)\times100\%=40\%$

每立方米石灰膏用生石灰 600kg，每立方米粉化灰用生石灰 501kg。

水泥密度 1300kg/m³。

白石子密度 2700kg/m³，表观密度 1500kg/m³，空隙率 $=\left(1-\frac{1500}{2700}\right)\times100\%=44.4\%$

（2）素水泥浆。素水泥浆用水量按水泥的 34% 计算，计算公式为：

$$水灰比=\frac{水泥表观密度}{水密度}\times34\%$$

$$虚体积系数=\frac{1}{1+水灰比}$$

$$收缩后水泥净体积=虚体积系数\times\frac{水泥表观密度}{水泥密度}$$

$$收缩后水的净体积＝虚体积系数×水灰比$$

$$水和水泥净体积系数＝水泥净体积＋水净体积$$

$$实体积系数＝\frac{1}{(1＋水灰比)×水和水泥净体积系数}$$

$$水泥用量＝实体积系数×水泥密度$$

$$用水量＝实体积系数×水灰比$$

（3）石膏砂浆。石膏砂浆用水量按石膏灰 80％计算，计算公式为：

$$水灰比＝\frac{石膏灰表观密度}{水密度}×80\%$$

其他计算公式同素水泥浆计算公式。

A.5.2.2　面层材料

（1）块料面层。块料面层一般是指有一定规格尺寸的瓷砖、锦砖、花岗石板、大理石板及各种装饰板等，通常以 $100m^2$ 为单位。块料面层材料计算公式：

$$每100m^2面层用量＝\frac{100}{(块长＋拼缝)×(块宽＋拼缝)}×(1＋损耗率)$$

$$每100m^2块料灰缝用量＝(100－块长×块宽×块用量)×灰缝厚度×(1＋损耗率)$$

$$块料结合层用量＝100m^2×结合层厚度$$

（2）铝合金装饰板。铝合金装饰板计算公式：

$$每100m^2用量＝\frac{100}{板长×板宽}×(1＋损耗率)$$

（3）石膏装饰板。石膏装饰板计算公式：

$$每100m^2用量＝\frac{100}{(块长＋拼缝)×(块宽＋拼缝)}×(1＋损耗率)$$

A.5.3　模板摊销量计算

A.5.3.1　模板摊销量计算公式

$$材料摊销量＝一次使用量×摊销系数$$

$$一次使用量＝材料净用量×(1＋材料损耗率)$$

$$摊销系数＝周转使用系数-\frac{(1-损耗率)×回收折价率}{周转次数}$$

$$周转使用系数＝\frac{1(周转次数-1)×损耗率}{周转次数}$$

$$回收量＝一次使用量×\frac{1-损耗率}{周转次数}$$

A.5.3.2　组合钢模、复合模板周转次数及补损率（见表 A-44）。

组合钢模、复合模板周转次数及损耗率　　　表 A-44

组合钢模、复合模板材料	周转次数（次）	损耗率（%）	备　注
模板板材	50	1	包括：梁卡具、柱箍损耗2%
零星卡具	20	20	包括：U 卡、L 插销、3 形扣件、螺栓
钢支撑系统	120	1	包括：连杆、钢管支撑及扣件
木模	5	5	包括：支撑、琵琶撑、垫、拉板
木支撑	10	5	
铁钉	1	2	
木楔	2	5	
尼龙帽	1	5	
草板纸	1		

A.5.3.3　木模板周转次数、补损率、摊销系数及施工损耗（见表 A-45）。

木模板周转次数、补损率、摊销系数及施工损耗　　表 A-45

木模板材料	周转次数（次）	补损率（%）	摊销系数	施工损耗（%）
圆柱	3	15	0.2917	5
异形梁	5	15	0.2350	5
整体楼梯、阳台、栏板	4	15	0.2563	5
小型构件	3	15	0.2917	5
支撑、垫板、拉板	15	10	0.1300	5
木楔	2		0.5000	5

A.5.4　脚手架使用量计算

A.5.4.1　各种脚手架的施工参数

(1) 各种脚手架杆距、步距（见表 A-46）。

各种脚手架杆距、步距　　　　　表 A-46

项目	木架	竹架	扣件式钢管架
步高	1.2m	1.8m	1.2～1.4m（以 1.3m 计算）
立杆间距	1.5m 以内	1.5m 以内	2m 以内
架宽	1.5m 以内	1.3m 以内	1.5m

(2) 扣件式钢管脚手架构造（见表 A-47）。

扣件式钢管脚手架构造（单位：m）　　　　　表 A-47

用途	脚手架构造形式	里立杆离墙面的距离	立杆间距 横向	立杆间距 纵向	操作层小横杆间距	大横杆步距	小横杆挑向墙面的悬臂
砌筑	单排	—	1.2～1.5	2.0	0.67	1.2～1.4	—
	双排	0.5	1.5	2.0	1.0	1.2～1.4	0.4～0.45
装饰	单排	—	1.2～1.5	2.2	1.1	1.6～1.8	—
	双排	0.5		2.2	1.1	1.6～1.8	0.35～0.45

(3) 各种脚手架材料耐用期限及残值，见表 A-48。

各种脚手架材料耐用期限及残值　　　　　表 A-48

材料名称	耐用期限(月)	残值(%)	备注
钢管	180	10	
扣件	120	5	
脚手杆(杉木)	42	10	
木脚手板	42	10	并立式螺栓加固
竹脚手板	24	5	
毛竹	24	5	
绑扎材料	1 次	—	
安全网	1 次	—	

(4) 各种脚手架搭设一次使用期限，见表 A-49。

各种脚手架搭设一次使用期限　　　　　　　　表 A-49

项　目	高度	一次使用期限
脚手架	16m 以内	6 个月
脚手架	30m 以内	8 个月
脚手架	45m 以内	12 个月
满堂脚手架		25 天
挑脚手架		10 天
悬空脚手架		7.5 天
室外管道脚手架	16m 以内	1 个月
里脚手架		7.5 天

A.5.4.2　脚手架定额步距和高度计算

（1）脚手架、斜道、上料平台立杆间距和步高，见表 A-50。

脚手架、斜道、上料平台立杆间距和步高　　　　表 A-50

项目	单位	木脚手架	竹脚手架	钢脚手架
立杆间距	m	1.5	1.5	1.5
每步高度	m	1.2	1.6	1.3
宽度	m	1.4~1.5	1.4	

（2）脚手架高度计算公式：

$$脚手架高度＝步高×步数＋1.2m$$

（3）脚手架定额高度与步数取定表，见表 A-51。

脚手架定额高度与步数取定表　　　　　　　　表 A-51

项目	木脚手架		竹脚手架		钢管脚手架	
	步数	取定高度（m）	步数	取定高度（m）	步数	取定高度（m）
高度在 16m 以内	9	12	6	13.2	8	12
高度在 30m 以内	21	26.4	15	26.0	19	25.9
高度在 45m 以内	32	39.6	23	38.8	29	38.9
满堂脚手架基本层	2	3.6				

（4）脚手板层数的确定。

高度在 16m 以内的脚手架，脚手板按一层计算；高度在 16m 以上的脚手架，考虑交叉作业的需要，按双层计算。

A.5.4.3 各种形式脚手架一次搭设材料用量

（1）单立杆扣件式钢管脚手架，其不同的步距、杆距每 1m² 钢管参考用量，见表 A-52。

每 1m² 钢管参考用量（kg/m²）　　　　表 A-52

步距 h （m）	类别	每 1m² 脚手架的钢管用量（kg）， 当立杆纵距 a 为（m）					扣件 （个/m²）
		1.2	1.4	1.6	1.8	2.0	
1.2	单排	14.40	13.37	12.64	12.01	11.51	2.09
	双排	20.80	18.74	17.28	16.02	15.02	4.17
1.4	单排	12.31	11.38	10.64	10.11	9.65	1.79
	双排	18.74	16.87	15.39	14.34	13.41	3.57
1.6	单排	10.85	10.00	9.34	8.83	8.37	1.57
	双排	17.20	15.49	14.18	13.16	12.24	3.13
1.8	单排	9.78	8.93	8.35	7.84	7.44	1.25
	双排	16.00	14.30	13.14	12.12	11.31	2.50

注：以上用量为立杆、大横杆和小横杆用量，剪刀撑、斜拉杆、栏杆等另计。

（2）扣件式钢管脚手架材料综合用量，见表 A-53。

扣件式钢管脚手架材料综合用量（单位：1000m²）　　表 A-53

名称	单位	墙高 20m			墙高 10m		
		扣件式 单排	扣件式 双排	组合式	扣件式 单排	扣件式 双排	组合式
1. 钢管							
立杆	m	573	1093	672	573	1093	704
大横杆	m	877	1684	372	877	1684	413
小横杆	m	752	651	1074	886	733	1143
剪刀撑、斜杆	m	200	200	322	160	160	386
小计	m	2402	3628	2438	2496	3670	2646
钢管质量	t	9.22	13.93	9.36	9.59	14.09	10.16
2. 扣件							
直角扣件	个	879	1555	1000	933	1593	1072
对接扣件	个	214	412	96	185	350	64

续表

名称	单位	墙高 20m			墙高 10m		
		扣件式 单排	扣件式 双排	组合式	扣件式 单排	扣件式 双排	组合式
回转扣件	个	50	50	140	40	40	168
底座	个	29	55	32	57	109	64
小计	个	1172	2072	1268	1215	2092	1368
扣件质量	t	1.52	2.70	1.58	1.56	2.69	1.69
3. 桁架质量	t			1.12			2.24
钢材用量	t	10.74	16.63	12.06	11.14	16.78	14.09

注：大横杆中包括栏杆及支承架的连系杆

（3）承接式钢管脚手架材料综合用量，见表 A-54。

承接式钢管脚手架材料综合用量（单位：1000m²） 表 A-54

名 称	单位	甲型			乙型		
		每件质量 （kg）	件数	总质量 （kg）	每件质量 （kg）	件数	总质量 （kg）
立杆 3.75m	根	16.67	174	2900	15.77	174	2744
5.55m	根	24.41	116	2832	23.06	116	2675
大横杆	根	7.3	616	4497	8.88	672	5967
小横杆	根	5.18	347	1797	7.27	319	2319
栏杆	根	7.3	28	204	8.88	28	249
斜撑	根	24.41	60	1465	23.06	60	1384
三角架	个	3.24	29	94			
底座	个	1.99	58	115	1.99	58	115
合计				13904			15453
其中：							
φ48×3.5 钢管				11983			13508
φ25×3.5 钢管				718			325
φ60×3.5 钢管				424			424

注：1. 1000m² 墙面，高 20m 的脚手架按 11 步 28 跨计算；

2. 立杆质量包括连接套管和承插管；

3. 斜撑用 5.55m 立杆或其他长钢管搭设。

（4）每 100m 长作业面钢脚手板用量，见表 A-55。

每 100m 长作业面钢脚手板用量

(单位：块/100m) 表 A-55

立杆横距 b (m)	脚手架宽度(m)		
	1.2	1.4	1.6
0.8	84	87	93
1.0	112	116	124
1.2	112	116	124
1.4	140	145	155
1.6	168	174	186

A.5.4.4 脚手架材料定额摊销量计算

（1）脚手架材料定额摊销量计算公式

$$定额摊销量 = \frac{单位一次使用量 \times (1 - 残值率)}{耐用期限 \div 一次使用期}$$

（2）钢脚手架材料维护保养费

钢脚手架材料维护保养，是按钢管初次投入使用前刷两遍防锈漆，以后每隔三年再刷一遍考虑，在耐用期限 240 个月内共刷七遍。其维护保养费用计算公式：

$$维护保养费 = 一次使用量 \times \frac{7 \times 一次使用期}{240个月} \times 刷油漆工料单价$$

刷油漆工料单价可按相应定额项目计算。

A.6 工程量计算常用计算公式

A.6.1 土石方常用横截面计算公式，见表 A-56。

土石方常用横截面计算公式 表 A-56

图示	面积计算公式
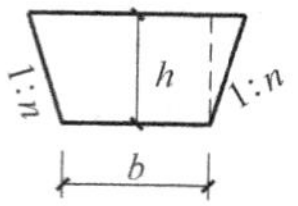	$F = h(b + nh)$
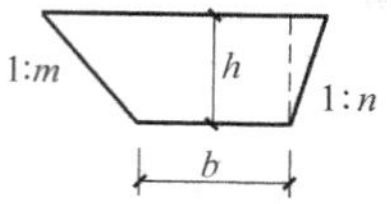	$F = h\left[b + \frac{h(m+n)}{2}\right]$

图示	面积计算公式
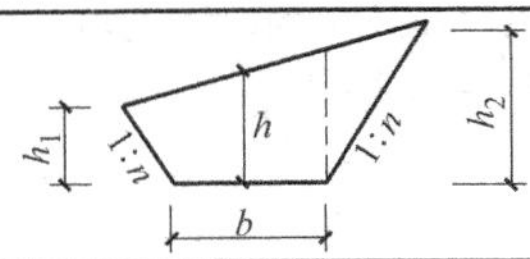	$F=b\dfrac{h_1+h_2}{2}+nh_1h_2$
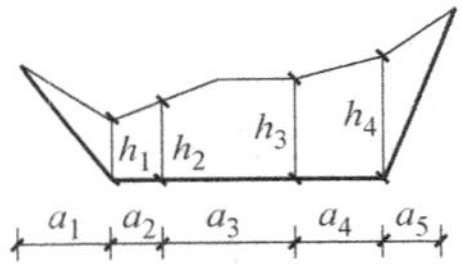	$F=h_1\dfrac{a_1+a_2}{2}+h_2\dfrac{a_2+a_3}{2}+h_3\dfrac{a_3+a_4}{2}+h_4\dfrac{a_4+a_5}{2}$
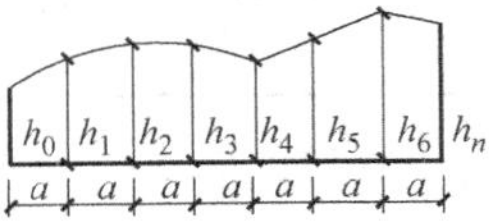	$F=\dfrac{1}{2}a(h_0+2h+h_n)$ $h=h_1+h_2+h_3+\cdots+h_6$

A.6.2　土石方方格网点法计算公式，见表 A-57。

土石方方格网点计算公式 表 A-57

序号	图示	计算方式
1	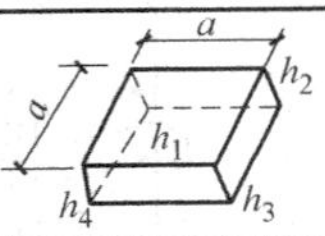	方格内四角全为挖方或填方 $V=\dfrac{a^2}{4}(h_1+h_2+h_3+h_4)$
2	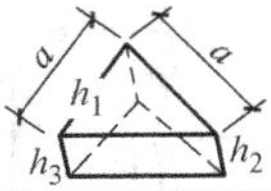	三角锥体，当三角锥体全为挖方或填方 $F=\dfrac{a^2}{2}$；$V=\dfrac{a^2}{6}(h_1+h_2+h_3)$
3	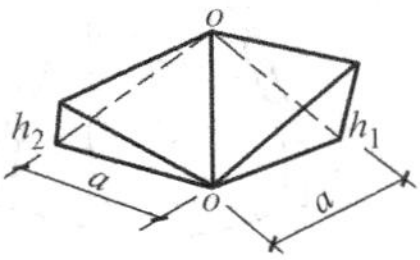	方格网内，一对角线为零线，另两角点一为挖方一为填方 $F_{挖}=F_{填}=\dfrac{a^2}{2}$ $V_{挖}=\dfrac{a^2}{6}h_1$；$V_{填}=\dfrac{a^2}{6}h_2$
4	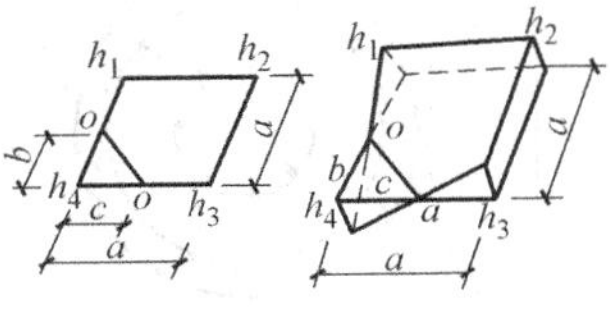	方格网内，三角为挖（填）方，一角为填（挖）方 $b=\dfrac{ah_4}{h_1+h_4}$；$c=\dfrac{ah_4}{h_3+h_4}$ $F_{填}=\dfrac{1}{2}bc$；$F_{挖}=a^2-\dfrac{1}{2}bc$ $V_{填}=\dfrac{h_4}{6}bc=\dfrac{a^2h_4^3}{6(h_1+h_4)(h_3+h_4)}$ $V_{挖}=\dfrac{a^2}{6}(2h_1+h_2+2h_3-h_4)+V_{填}$

序号	图示	计算方式
5	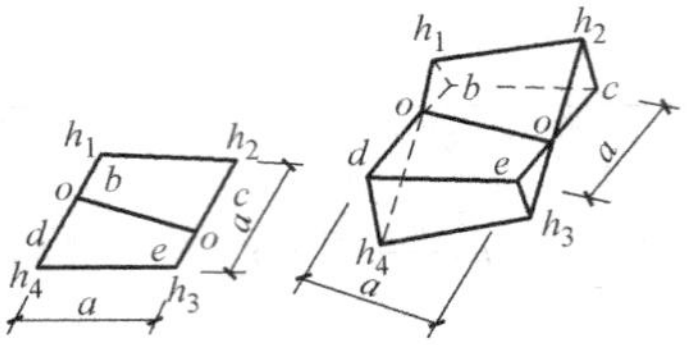	方格网内,两角为挖,两角为填 $b=\dfrac{ah_1}{h_1+h_4}$;$c=\dfrac{ah_2}{h_2+h_3}$ $d=a-b$;$c=a-c$ $F_{挖}=\dfrac{1}{2}(b+c)a$ $F_{填}=\dfrac{1}{2}(d+e)a$ $V_{挖}=\dfrac{a}{4}(h_1+h_2)\dfrac{b+c}{2}=\dfrac{a}{8}(b+c)$ (h_1+h_2) $V_{填}=\dfrac{a}{4}(h_3+h_4)\dfrac{d+e}{2}=\dfrac{a}{8}(d+e)$ (h_3+h_4)

A. 6.3　护壁和桩芯体积计算公式,见表 A-58。

护壁和桩芯体积计算公式　　　　　　　　表 A-58

项目	体积计算式	图示
上部护壁	上部护壁(h_1,h_2 部分)体积计算式(每段) $V=\dfrac{\pi}{2}h\delta(D+d-2\delta)$ $=1.5708h\delta(D+d-2\delta)$ (h 为标准段 h_1 或扩大段 h_2)	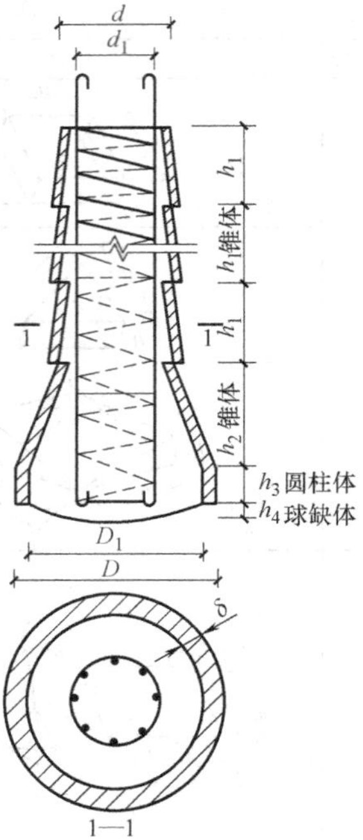
底段护壁	底段护壁(h_3 部分、空心柱体)体积计算式: $V=\dfrac{\pi}{4}h_3(D^2-D_1^2)$ $=0.7854h_3(D^2-D_1^2)$	
混凝土桩芯	(1)标准段和底部扩大段体积: $V=\dfrac{\pi}{12}h(D_1^2+d_1^2+D_1d_1)$ $=0.2618h(D_1^2+d_1^2+D_1d_1)$ (h 为标准段 h_1 或扩大段 h_2) (2)底段圆柱体积: $V=\dfrac{\pi}{4}h_3D_1^2$ $=0.7854h_3D_1^2$ (3)底端球缺体体积: $V=\dfrac{\pi}{6}h_4\left(\dfrac{3}{4}D_1^2+h_4^2\right)$ $=0.5236h_4\left(\dfrac{3}{4}D_1^2+h_4^2\right)$ 以上各式中 D,D_1——锥体下口外径、内径(m); d,d_1——锥体上口外径、内径(m); δ——护壁壁厚(m)	

A. 6. 4 常用锥形杯口基础体积计算公式，见表 A-59。

常用锥形杯口基础体积计算公式　　　　**表 A-59**

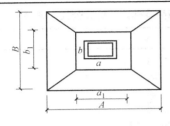

(*a*)锥形杯口基础平面图

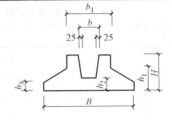

(*b*)锥形杯口基础剖面图

$$V=ABh_3+\frac{h_1-h_3}{6}\left[AB+(A+a_1)(B+b_1)+a_1b_1\right]$$
$$+a_1b_1(H-h_1)-(H-h_2)(a-0.025)(b-0.025)$$

A. 6. 5 现浇无筋倒圆台基础体积计算公式，见表 A-60。

现浇无筋倒圆台基础体积计算公式　　　　**表 A-60**

项目	内容
公式	$V=\frac{\pi h_1}{3}(R^2+r^2+Rr)+\pi R^2h_2+\frac{\pi h_3}{3}\left[R^2+\left(\frac{a_1}{2}\right)^2+R\frac{a_1}{2}\right]$ $+a_1b_1h_4-\frac{h_5}{3}\left[(a+0.1+0.025\times2)(b+0.1+0.025\times2)+ab\right.$ $\left.+\sqrt{(a+0.1+0.025\times2)(b+0.1+0.025\times2)ab}\right]$ 式中　a——柱长边尺寸(m)； a_1——杯口外包长边尺寸(m)； R——底最大半径(m)； r——底面半径(m)； b——柱短边尺寸(m)； b_1——杯口外包短边尺寸(m)； $h,h_{1\sim5}$——断面高度(m)； π——3.1416
示意图	

A.6.6 现浇钢筋混凝土倒圆锥形薄壳基础体积计算公式,见表 A-61。

现浇钢筋混凝土倒圆锥形薄壳基础体积计算公式 表 A-61

项目	内　容
公式	$V(\text{m}^3)=V_1+V_2+V_3$ $V_1(薄壳部分)=\pi(R_1+R_2)\delta h_1\cos\theta$ $V_2(截头圆锥体部分)=\dfrac{\pi h_2}{3}(R_3^2+R_2R_4+R_4^2)$ $V_3(圆体部分)=\pi R_2^2 h_2$ 注:公式中半径、高度、厚度均以 m 为计算单位
示意图	

A.6.7 木材材积计算公式,见表 A-62。

木材材积计算公式 表 A-62

项目	体积计算公式
板、方板	$V=宽\times厚\times长$
原木	$V=L\,[D^2(0.000003895L+0.00008982)+D(0.000039L-0.0001219)+(0.00005796L+0.0003067)]$ 式中　V——原木材积(m^3); 　　　　L——原木长度(m); 　　　　D——小头直径(cm)

项目	体积计算公式
原条	$V=\dfrac{\pi}{4}D^2L\times\dfrac{1}{10000}$ 或 $V=0.7854D^2L\times\dfrac{1}{10000}$ 式中　V——原条材积(m^3); 　　　　D——原条中央直径(cm); 　　　　L——原条长度(m); 　　　　$\dfrac{1}{10000}$——中央直径(D)以 m 为单位化成 cm 为单位时的绝对值

附录 B　钢筋混凝土计算常用数据与公式

B.1　钢筋理论质量

B.1.1　钢筋计算常用数据表

B.1.1.1　圆钢理论质量和表面积,见表 B-1。

圆钢理论质量和表面积　　　　　　　　　　　　　　　　表 B-1

直径 (mm)	理论质量 (kg/m)	表面积 (m^2/t)	直径 (mm)	理论质量 (kg/m)	表面积 (m^2/t)
3	0.055	169.9	17	1.782	30.0
4	0.099	127.4	18	1.998	28.3
5.5	0.187	92.6	19	2.226	26.8
6	0.222	84.9	20	2.466	25.5
6.5	0.260	78.4	21	2.719	24.3
7	0.302	72.8	22	2.984	23.2
8	0.395	63.7	23	3.261	22.2
8.2	0.415	62.1	24	3.551	21.2
9	0.499	56.6	25	3.853	20.4
10	0.617	51.0	26	4.168	19.6
11	0.746	46.3	27	4.495	18.9
12	0.888	42.5	28	4.834	18.2
13	1.042	39.2	29	5.185	17.6
14	1.208	36.4	30	5.549	17.0
15	1.387	34.0	31	5.925	16.4
16	1.578	31.8	32	6.313	15.9

直径 (mm)	理论质量 (kg/m)	表面积 (m²/t)	直径 (mm)	理论质量 (kg/m)	表面积 (m²/t)
33	6.714	15.4	48	14.205	10.6
34	7.127	15.0	50	15.414	10.2
35	7.553	14.6	53	17.319	9.6
36	7.990	14.2	55	18.650	9.3
38	8.903	13.4	56	19.335	9.1
40	9.865	12.7	58	20.740	8.8
42	10.876	12.1	60	22.195	8.5
45	12.485	11.3			

注: 1. "理论质量"适用于热轧光圆钢筋、热轧带肋钢筋、冷轧带肋钢筋、余热处理钢筋、热处理钢筋和钢丝等圆形钢筋（丝）,冷轧扭钢筋除外。

2. "表面积"用于环氧树脂涂层和金属结构工程油漆的面积计算。

3. 理论质量＝0.0061654ϕ^2 ［ϕ 为钢筋直径（mm）］

$$表面积＝\frac{509.55}{\phi} ［\phi 为钢筋直径（mm）］$$

（理论质量按密度 7.85g/cm³ 计算）

4. 直径 8.2mm 适用于热处理钢筋。

B.1.1.2 冷拉钢筋质量换算,见表 B-2。

冷拉（前后）钢筋质量换算　　　　表 B-2

冷拉前直径(mm)		5	6	8	9	10	12	14	15
冷拉前质量(kg/m)		0.154	0.222	0.395	0.499	0.617	0.888	1.208	1.387
冷拉后 质量 (kg/m)	钢筋伸 长率 (%) 4	0.148	0.214	0.38	0.48	0.594	0.854	1.162	1.334
	5	0.147	0.211	0.376	0.475	0.588	0.846	1.152	1.324
	6	0.145	0.209	0.375	0.471	0.582	0.838	1.142	1.311
	7	0.144	0.208	0.369	0.466	0.577	0.83	1.132	1.299
	8	0.143	0.205	0.366	0.462	0.571	0.822	1.119	1.284
冷拉前直径(mm)		16	18	19	20	22	24	25	28
冷拉前质量(kg/m)		1.578	1.998	2.226	2.466	2.984	3.55	3.853	4.834
冷拉后 质量 (kg/m)	钢筋伸 长率 (%) 4	1.518	1.992	2.14	2.372	2.871	3.414	3.705	4.648
	5	1.505	1.905	2.12	2.352	2.838	3.381	3.667	4.6
	6	1.491	1.887	2.104	2.33	2.811	3.349	3.632	4.557
	7	1.477	1.869	2.084	2.308	2.785	3.318	3.598	4.514
	8	1.441	1.85	2.061	2.214	2.763	3.288	3.568	4.476

B.1.1.3 冷轧扭钢筋规格及理论质量,见表 B-3。

冷轧扭钢筋规格及理论质量　　　　　　　表 B-3

强度级别	型号	标志直径 d(mm)	公称截面面积 A_s(mm²)	等效直径 d_0(mm)	截面周长 u(mm)	理论质量 G(kg/m)
CTB550	Ⅰ	6.5	29.50	6.1	23.40	0.232
		8	45.30	7.6	30.00	0.356
		10	68.30	9.3	36.40	0.536
		12	96.14	11.1	43.40	0.755
	Ⅱ	6.5	29.20	6.1	21.60	0.229
		8	42.30	7.3	26.02	0.332
		10	66.10	9.2	32.52	0.519
		12	92.74	10.9	38.52	0.728
	Ⅲ	6.5	29.86	6.2	19.48	0.234
		8	45.24	7.6	23.88	0.355
		10	70.69	9.5	29.95	0.555
CTB650	预应力 Ⅲ	6.5	28.20	6.0	18.82	0.221
		8	42.73	7.4	23.17	0.335
		10	66.76	9.2	28.96	0.524

注：Ⅰ型为矩形截面，Ⅱ型为方形截面，Ⅲ型为圆形截面。

B.1.1.4　热轧带肋钢筋规格及理论质量，见表 B-4。

热轧带肋钢筋规格及理论质量　　　　　　表 B-4

直径 (mm)	公称截面面积(mm²)	理论质量 (kg/m)	直径 (mm)	公称截面面积(mm²)	理论质量 (kg/m)
6	28.27	0.222	22	380.1	2.98
8	50.27	0.395	25	490.9	3.85
10	78.54	0.617	28	615.8	4.83
12	113.1	0.888	32	804.2	6.31
14	153.9	1.21	36	1018	7.99
16	201.1	1.58	40	1257	9.87
18	254.5	2.00	50	1964	15.42
20	314.2	2.47			

B.1.2　钢丝计算常用数据表

B.1.2.1　冷拔高强钢丝规格及理论质量，见表 B-5。

冷拔高强钢丝规格及理论质量　　　　表 B-5

直径 （mm）	断面面积 （mm）	质量 （kg/m）	抗拉强度 （kg/mm²）	屈服强度 （kg/mm²）
2.5	4.91	0.039	190	152
3	7.06	0.056	180	144
3	7.06	0.056	150	120
4	12.56	0.099	170	136
5	19.63	0.154	160	128

B.1.2.2　刻痕钢丝规格及理论质量，见表 B-6。

刻痕钢丝规格及理论质量　　　　表 B-6

直径 （mm）	断面面积 （mm²）	质量 （kg/m）	抗拉强度（kg/mm²）		屈服强度（kg/mm²）	
			Ⅰ组	Ⅱ组	Ⅰ组	Ⅱ组
2.5	4.91	0.034	190	160	152	128
3	7.06	0.056	180	150	144	120
4	12.56	0.096	170	140	136	112
5	19.63	0.15	160	130	128	104

B.1.2.3　预应力钢丝规格及理论质量，见表 B-7。

预应力钢丝规格及理论质量　　　　表 B-7

直径 （mm）	公称截面面积 （mm²）	理论质量 （kg/m）	直径 （mm）	公称截面面积 （mm²）	理论质量 （kg/m）
3.00	7.07	0.056	7.00	38.48	0.302
4.00	12.57	0.099	8.00	50.26	0.394
5.00	19.63	0.154	9.00	63.62	0.499
6.00	28.27	0.222	10.00	78.54	0.617
6.25	30.68	0.241	12.00	113.10	0.888

B.1.2.4 镀锌钢丝规格及理论质量，见表 B-8。

镀锌钢丝规格及理论质量　　　　表 B-8

直径 (mm)	质量 (kg/km)	相当英制		每千克大约长度 (m)
		线规号（BWG）	直径(mm)	
0.20	0.247	33	0.20	4055
0.22	0.298	32	0.22	3351
0.25	0.385	31	0.25	2595
0.28	0.483	—	—	2069
0.30	0.555	30	0.31	1802
—	—	29	0.33	—
0.35	0.755	28	0.36	1324
0.40	0.987	27	0.41	1014
0.45	1.250	26	0.46	801
0.50	1.540	25	0.51	649
0.55	1.870	24	0.56	536
0.60	2.220	23	0.64	451
0.70	3.020	22	0.71	331
0.80	3.95	21	0.81	253
0.90	4.99	20	0.89	200
1.00	6.17	—	—	162
—	—	19	1.07	—
1.20	8.88	18	1.25	113
1.40	12.1	17	1.47	82.8
1.60	15.8	16	1.65	63.4
1.80	20.0	15	1.83	50.0
2.00	24.7	—	—	40.6
2.20	29.8	14	2.11	33.5
2.50	38.5	13	2.41	26.0
2.80	48.3	12	2.77	20.7
3.00	55.5	11	3.05	18.0
3.50	75.5	10	3.40	13.2
—	—	9	3.76	—
4.0	98.7	8	4.19	10.10
4.5	125.0	7	4.57	8.01
5.0	154.0	6	5.16	6.49
5.5	187.0	5	5.59	5.36
6.0	222.0	4	6.05	4.51

注：镀锌低碳钢丝俗称镀锌铁丝、铅丝。

B. 1.3　钢绞线规格及理论质量，见表 B-9。

钢绞线规格及理论质量　　　　　表 B-9

种类	公称直径(mm)	公称截面面积(mm^2)	理论质量(kg/m)
1×3	8.6	37.5	0.295
	10.8	59.3	0.465
	12.9	85.4	0.671
1×7 标准型	9.5	54.8	0.432
	11.1	74.2	0.580
	12.7	98.7	0.774
	15.2	139	1.101

B. 2　型钢计算常用数据表

B. 2.1　钢材断面面积和理论质量计算公式

B. 2.1.1　钢材断面面积计算公式，见表 B-10。

钢材断面面积计算公式　　　　　表 B-10

项目	序号	型材	计算公式	符号意义
钢材断面面积计算公式	1	方钢	$F=a^2$	a——边宽
	2	圆角方钢	$F=a^2-0.8584r^2$	a——边宽 r——圆角半径
	3	钢板、扁钢、带钢	$F=a\delta$	a——边宽 δ——厚度
	4	圆角扁钢	$F=a\delta-0.8584r^2$	a——边宽 δ——厚度 r——圆角半径
	5	圆角、圆盘条、钢丝	$F=0.7854d^2$	d——外径
	6	六角钢	$F=0.866a^2=2.598s^2$	a——对边距离
	7	八角钢	$F=0.8284a^2=4.8284s^2$	s——边宽
	8	钢管	$F=3.1416\delta(D-\delta)$	D——外径 δ——壁厚
	9	等边角钢	$F=d(2b-d)+0.2146\times(r^2-2r_1^2)$	d——边厚 b——边宽 r——内面圆角半径 r_1——端边圆角半径

项目	序号	型材	计算公式	符号意义
钢材断面积计算公式	10	不等边角钢	$F=d(B+b-d)+$ $0.2146\times(r^2-2r_1^2)$	d——边厚 B——长边宽 b——短边宽 r——内面圆角半径 r_1——端边圆角半径
	11	工字钢	$F=hd+2t(b-d)+$ $0.8584(r^2-r_1^2)$	h——高度 b——腿宽 d——腰厚 t——平均腿厚 r——内面圆角半径 r_1——边端圆角半径
	12	槽钢	$F=hd+2t(b-d)+$ $0.4292(r^2-r_1^2)$	

B.2.1.2 钢材理论质量计算公式

（1）基本公式：

$$W=FLG/1000$$

式中 W——质量（kg）；

F——断面面积（mm^2）；

L——长度（m）；

G——密度（g/cm^3）。

钢的密度一般按 7.85g/cm^3 计算。其他型材如钢格、铝材等，亦可引用上式查照其不同的密度计算。

（2）钢材理论质量计算简式，见表 B-11。

钢材理论质量计算简式 表 B-11

材料名称	理论质量 W(kg/m)	备 注
扁钢、钢板、钢带	$W=0.00785\times$宽$\times$厚	1. 角钢、工字钢和槽钢的准确计算公式很繁,表列简式用于计算近似值
方钢	$W=0.00785\times$边长^2	2. f 值：一般型号及带 a 的为 3.34,带 b 的为 2.65,带 c 的为 2.26
圆钢、线材、钢丝	$W=0.00617\times$直径^2	
六角钢	$W=0.0068\times$对边距离^2	3. e 值：一般型号及带 a 的为 3.26,带 b 的为 2.44,带 c 的为 2.24
八角钢	$W=0.0065\times$对边距离^2	
钢管	$W=0.02466\times$壁厚(外径-壁厚)	4. 各长度单位均为 mm

续表

材料名称	理论质量 W(kg/m)	备　注
等边角钢	$W=0.00795\times$ 边厚(2 边宽－边厚)	1. 角钢、工字钢和槽钢的准确计算公式很繁，表列简式用于计算近似值 2. f 值：一般型号及带 a 的为 3.34，带 b 的为 2.65，带 c 的为 2.26 3. e 值：一般型号及带 a 的为 3.26，带 b 的为 2.44，带 c 的为 2.24 4. 各长度单位均为 mm
不等边角钢	$W=0.00795\times$ 边厚(长边宽＋短边宽－边厚)	
工字钢	$W=0.00785\times$ 腰厚[高＋f(腿宽－腰厚)]	
槽钢	$W=0.00785\times$ 腰厚[高＋e(腿宽－腰厚)]	

B.2.2　型钢规格及理论质量

B.2.2.1　钢板

（1）普通钢板规格及理论质量，见表 B-12。

普通钢板规格及理论质量　　　　表 B-12

厚度(mm)	理论质量(kg)	厚度(mm)	理论质量(kg)	厚度(mm)	理论质量(kg)
0.20	1.570	2.8	21.98	22	172.70
0.25	1.963	3.0	23.55	23	180.60
0.27	2.120	3.2	25.12	24	188.40
0.30	2.355	3.5	27.48	25	196.30
0.35	2.748	3.8	29.83	26	204.10
0.40	3.140	4.0	31.40	27	212.00
0.45	3.533	4.5	35.33	28	219.80
0.50	3.925	5.0	39.25	29	227.70
0.55	4.318	5.5	43.18	30	235.50
0.60	4.710	6.0	47.10	32	251.20
0.70	5.495	7.0	54.95	34	266.90
0.75	5.888	8.0	62.80	36	282.60
0.80	6.280	9.0	70.65	38	298.30
0.90	7.065	10.0	78.50	40	314.00
1.00	7.850	11	86.35	42	329.70
1.10	8.635	12	94.20	44	345.40
1.20	9.420	13	102.10	46	361.10
1.25	9.813	14	109.90	48	376.80
1.40	10.99	15	117.80	50	392.50
1.50	11.78	16	125.60	52	408.20
1.60	12.56	17	133.50	54	423.90
1.80	14.13	18	141.30	56	439.60
2.00	15.70	19	149.20	58	455.30
2.20	17.27	20	157.00	60	471.00
2.50	19.63	21	164.90		

（2）花纹钢板规格及理论质量，见表 B-13。

花纹钢板规格及理论质量　　　　　表 B-13

菱　形				扁　豆　形			
厚度 （mm）	质量 （kg/m²）	厚度 （mm）	质量 （kg/m²）	厚度 （mm）	质量 （kg/m²）	厚度 （mm）	质量 （kg/m²）
2.5	21.6	5	42.3	2.5	22.6	5	42.3
3	25.6	5.5	46.2	3	26.6	5.5	46.2
3.5	29.5	6	50.1	3.5	30.5	6	50.1
4	33.4	7	59.0	4	34.4	7	58.0
4.5	37.3	8	66.8	4.5	38.3	8	65.8

（3）不锈钢板牌号及理论质量，见表 B-14。

不锈钢板牌号及理论质量　　　　　表 B-14

牌号	基本质量(kg)	牌号	基本质量(kg)
1Cr17Mn6Ni5N	7.93	3Cr13	7.75
1Cr18Mn8Ni5N	7.93	0Cr17Ni12Mo2	7.98
1Cr17Ni7	7.93	00Cr17Ni14Mo2	7.98
1Cr17Ni8	7.93	0Cr17Ni12Mo2N	7.98
1Cr18Ni9	7.93	00Cr17Ni13Mo2N	7.98
1Cr18Ni9Si3	7.93	0Cr18Ni12Mo2Cu2	7.98
0Cr19Ni9	7.93	00Cr18Ni14Mo2Cu2	7.98
00Cr19Ni11	7.93	0Cr19Ni13Mo3	7.98
0Cr19Ni9N	7.93	00Cr19Ni13Mo3	7.98
00Cr18Ni10N	7.93	0Cr18Ni6Mo5	8.00
1Cr18Ni12	7.93	0Cr18Ni11Ti	7.93
0Cr23Ni13	7.93	0Cr18Ni11Nb	7.98
0Cr25Ni20	7.98	0Cr18Ni13Si4	7.75
00Cr17Mo	7.70	00Cr18Mo2	7.75
7Cr17	7.70	00Cr30Mo2	7.64
0Cr26Ni5Mo2	7.80	1Cr15	7.70
1Cr12	7.75	3Cr16	7.70
0Cr13Al	7.75	1Cr17	7.70
1Cr13	7.75	00Cr17	7.70
0Cr13	7.75	1Cr17Mo	7.70
00Cr12	7.75	00Cr27Mo	7.67
2Cr13	7.75	0Cr17Ni7Al	7.93

注：1. 钢板的基本质量是指厚度为 1mm，面积为 1m² 的质量。
　　2. 钢板的单位质量（kg/m²），是指钢板面积为 1m² 的质量，其值为基本质量乘以钢板厚度（mm）。如求不锈钢板 7Cr17（牌号）厚度为 4mm 的单位理论质量：7.70（查本表）×4＝30.80（kg/m²）。

B.2.2.2 热轧扁钢规格及理论质量，见表 B-15。

热轧扁钢规格及理论质量 表 B-15

宽度(mm)	厚度(mm)													
	3	4	5	6	7	8	9	10	11	12	14	16	18	20
	理论质量(kg)													
14	0.33	0.44	0.55	0.66	0.77	0.88	—	—	—	—	—	—	—	—
16	0.38	0.50	0.63	0.75	0.88	1.00	1.15	1.26	—	—	—	—	—	—
18	0.42	0.57	0.71	0.85	0.99	1.13	1.27	1.41	—	—	—	—	—	—
20	0.47	0.63	0.79	0.94	1.10	1.26	1.41	1.57	1.73	1.88	—	—	—	—
22	0.52	0.69	0.86	1.04	1.21	1.38	1.55	1.73	1.90	2.07	—	—	—	—
25	0.59	0.79	0.98	1.18	1.37	1.57	1.77	1.96	2.16	2.36	2.75	3.14	—	—
28	0.66	0.88	1.10	1.32	1.54	1.76	1.98	2.20	2.42	2.64	3.08	3.53	—	—
30	0.71	0.94	1.18	1.41	1.65	1.88	2.12	2.36	2.59	2.83	3.36	3.77	4.24	4.71
32	0.75	1.01	1.25	1.50	1.76	2.01	2.26	2.54	2.76	3.01	3.51	4.02	4.52	5.02
36	0.85	1.13	1.41	1.69	1.97	2.26	2.51	2.82	3.11	3.39	3.95	4.52	5.09	5.65
40	0.94	1.26	1.57	1.88	2.20	2.51	2.83	3.14	3.45	3.77	4.40	5.02	5.65	6.28
45	1.06	1.41	1.77	2.12	2.47	2.83	3.18	3.53	3.89	4.24	4.95	5.65	6.36	7.07
50	1.18	1.57	1.96	2.36	2.75	3.14	3.53	3.93	4.32	4.71	5.50	6.28	7.07	7.85
56	1.32	1.76	2.20	2.64	3.08	3.52	3.95	4.39	4.83	5.27	6.15	7.03	7.91	8.79
60	1.41	1.88	2.36	2.83	3.30	3.77	4.24	4.71	5.18	5.65	6.59	7.54	8.48	9.42
63	1.48	1.98	2.47	2.97	3.46	3.95	4.45	4.94	5.44	5.93	6.92	7.91	8.90	9.69
65	1.53	2.04	2.55	3.06	3.57	4.08	4.59	5.10	5.61	6.12	7.14	8.16	9.19	10.21
70	1.65	2.20	2.75	3.30	3.85	4.40	4.95	5.50	6.04	6.59	7.69	8.79	9.89	10.99
75	1.77	2.36	2.94	3.53	4.12	4.71	5.30	5.89	6.48	7.07	8.24	9.42	10.60	11.78
80	1.88	2.51	3.14	3.77	4.40	5.02	5.65	6.28	6.91	7.54	8.79	10.05	11.30	12.56
85	2.00	2.67	3.34	4.00	4.67	5.34	6.01	6.67	7.34	8.01	9.34	10.68	12.01	13.35
90	2.12	2.83	3.53	4.24	4.95	5.65	6.36	7.07	7.77	8.48	9.89	11.30	12.72	14.13
95	2.24	2.98	3.73	4.47	5.22	5.97	6.71	7.46	8.20	8.95	10.44	11.93	13.42	14.92
100	2.36	3.14	3.93	4.71	5.50	6.28	7.07	7.85	8.64	9.42	10.99	12.56	14.13	15.70
105	2.47	3.30	4.12	4.95	5.77	6.59	7.42	8.24	9.07	9.89	11.54	13.19	14.84	16.49
110	2.59	3.45	4.32	5.18	6.04	6.91	7.77	8.64	9.50	10.36	12.09	13.82	15.54	17.27
120	2.83	3.77	4.71	5.65	6.59	7.54	8.48	9.42	10.36	11.30	13.19	15.07	16.96	18.84

注：1. 本表为摘录常用部分规格的尺寸及理论质量（kg/m）。

2. 当理论质量不大于19kg/m（即本表范围内）时，长度为3～9m。

B.2.2.3 热轧圆钢、方钢及六角钢规格及理论质量，见表 B-16。

热轧圆钢、方钢及六角钢规格及理论质量　　表 B-16

$d(a)$ (mm)	理论质量（kg/m）			$d(a)$ (mm)	理论质量（kg/m）		
5.5	0.187	0.236		42	10.87	13.80	11.99
6.0	0.222	0.283		45	12.48	15.90	13.77
6.5	0.260	0.332		48	14.21	18.09	15.66
7.0	0.302	0.385	0.333	50	15.42	19.60	16.99
8.0	0.395	0.502	0.435	53	17.30	22.00	19.10
9.0	0.499	0.636	0.551	55	18.60	23.70	—
10.0	0.617	0.785	0.680	56	19.30	24.61	21.32
11.0	0.746	0.950	0.823	58	20.70	26.41	22.87
12.0	0.888	1.13	0.979	60	22.19	28.26	24.50
13.0	1.04	1.33	1.15	63	24.50	31.16	26.98
14.0	1.21	1.54	1.33	65	26.00	33.17	28.70
15.0	1.39	1.77	1.53	68	28.51	36.30	31.43
16.0	1.58	2.01	1.74	70	30.21	38.50	33.30
17.0	1.78	2.27	1.96	75	34.70	44.20	—
18.0	2.00	2.54	2.20	80	39.50	50.20	
19.0	2.23	2.82	2.45	85	44.50	56.72	
20.0	2.47	3.14	2.72	90	49.90	63.59	
21.0	2.72	3.46	3.00	95	55.60	70.80	
22.0	2.98	3.80	3.29	100	61.70	78.50	
23.0	3.26	4.15	3.59	105	68.00	86.50	
24.0	3.55	4.52	3.92	110	74.60	95.00	
25.0	3.85	4.91	4.25	115	81.50	104	
26.0	4.17	5.30	4.59	120	88.78	113	
27.0	4.49	5.72	4.96	125	96.33	123	
28.0	4.83	6.15	5.33	130	104.20	133	
29.0	5.18	6.60	—	140	120.84	154	
30.0	5.55	7.06	6.12	150	138.72	177	
31.0	5.92	7.54	—	160	157.83	201	
32.0	6.31	8.04	6.96	170	178.18	227	
33.0	6.71	8.55	—	180	199.76	254	
34.0	7.13	9.07	7.86	190	222.57	283	
35.0	7.55	9.62	—	200	246.62	314	
36.0	7.99	10.17	8.81	220	298.00	—	
38.0	8.90	11.24	9.82	250	385.00	—	
40.0	9.87	12.56	10.88				

注：热轧圆钢、方钢的长度，当 $d(a) \leqslant 25$mm 时为 4～10mm；$d(a) > 25$mm 时为 3～9m；六角钢的长度，$d(a)$ 为 8～70mm，长 3～8m，均指普通钢。

B.2.2.4 管材

（1）无缝钢管规格及理论质量，见表 B-17。

无缝钢管规格及理论质量　　　　表 B-17

外径 D (mm)	理论质量（kg/m）													外表面积（m²/m）
	壁厚（mm）													
	1.0	1.5	2.0	2.5	3.0	3.5	4.0	4.5	5.0	5.5	6.0	6.5	7.0	
6	0.123	0.166	0.197	—	—	—	—	—	—	—	—	—	—	0.0188
7	0.148	0.203	0.247	0.277	—	—	—	—	—	—	—	—	—	0.0220
8	0.173	0.240	0.296	0.339	—	—	—	—	—	—	—	—	—	0.0251
9	0.197	0.277	0.345	0.401	—	—	—	—	—	—	—	—	—	0.0283
10	0.222	0.314	0.395	0.462	0.518	0.561	—	—	—	—	—	—	—	0.0314
11	0.247	0.351	0.444	0.524	0.592	0.647	—	—	—	—	—	—	—	0.0346
12	0.271	0.388	0.493	0.586	0.666	0.734	0.789	—	—	—	—	—	—	0.0377
13	0.296	0.425	0.543	0.647	0.740	0.820	0.888	—	—	—	—	—	—	0.0408
14	0.321	0.462	0.592	0.709	0.814	0.906	0.986	—	—	—	—	—	—	0.0440
16	0.370	0.536	0.691	0.832	0.962	1.08	1.18	1.28	1.36	—	—	—	—	0.0503
17	0.395	0.573	0.740	0.894	1.04	1.17	1.28	1.39	1.48	—	—	—	—	0.0534
18	0.419	0.610	0.789	0.956	1.11	1.25	1.38	1.50	1.60	—	—	—	—	0.0565
19	0.444	0.647	0.838	1.02	1.18	1.34	1.48	1.61	1.73	1.83	1.92	—	—	0.0597
20	0.469	0.684	0.888	1.08	1.26	1.42	1.58	1.72	1.85	1.97	2.07	—	—	0.0628
21	0.493	0.721	0.937	1.14	1.33	1.51	1.68	1.83	1.97	2.10	2.22	—	—	0.0660
22	0.518	0.758	0.986	1.20	1.41	1.60	1.78	1.94	2.10	2.24	2.37	—	—	0.0691

外径 D (mm)	理论质量（kg/m）													外表面积（m²/m）
	壁厚（mm）													
	3.0	3.5	4.0	4.5	5.0	5.5	6.0	6.5	7.0	7.5	8.0	8.5	9.0	
25	1.63	1.86	2.07	2.28	2.47	2.64	2.81	2.97	3.11	—	—	—	—	0.0785
27	1.78	2.03	2.27	2.50	2.71	2.92	3.11	3.29	3.45	—	—	—	—	0.0848
28	1.85	2.11	2.37	2.61	2.84	3.05	3.26	3.45	3.63	—	—	—	—	0.0880
30	2.00	2.29	2.56	2.83	3.08	3.32	3.55	3.77	3.97	4.16	4.34	—	—	0.0942
32	2.15	2.46	2.76	3.05	3.33	3.59	3.85	4.09	4.32	4.53	4.74	—	—	0.1005
34	2.29	2.63	2.96	3.27	3.58	3.87	4.14	4.41	4.66	4.90	5.13	—	—	0.1068
35	2.37	2.72	3.06	3.38	3.70	4.00	4.29	4.57	4.83	5.09	5.33	5.56	5.77	0.1100
38	2.59	2.98	3.35	3.72	4.07	4.41	4.74	5.05	5.35	5.64	5.92	6.18	6.44	0.1194
40	2.74	3.15	3.55	3.94	4.32	4.68	5.03	5.37	5.70	6.01	6.31	6.60	6.88	0.1257
42	2.89	3.32	3.75	4.16	4.56	4.95	5.33	5.69	6.04	6.38	6.71	7.02	7.32	0.1319
45	3.11	3.58	4.04	4.49	4.93	5.36	5.77	6.17	6.56	6.94	7.30	7.65	7.99	0.1414

续表

外径 D (mm)	理论质量(kg/m) 壁厚(mm)													外表面积 (m²/ m)
	3.0	3.5	4.0	4.5	5.0	5.5	6.0	6.5	7.0	7.5	8.0	8.5	9.0	
48	3.33	3.84	4.34	4.83	5.30	5.76	6.21	6.65	7.08	7.49	7.89	8.28	8.66	0.1508
50	3.48	4.01	4.54	5.05	5.55	6.04	6.51	6.97	7.42	7.86	8.29	8.70	9.10	0.1571
51	3.55	4.10	4.64	5.16	5.67	6.17	6.66	7.13	7.60	8.05	8.48	8.91	9.32	0.1602
54	3.77	4.36	4.93	5.49	6.04	6.58	7.10	7.61	8.11	8.60	9.08	9.54	9.99	0.1696
57	4.00	4.62	5.23	5.83	6.41	6.99	7.55	8.10	8.63	9.16	9.67	10.17	10.65	0.1791
60	4.22	4.88	5.52	6.16	6.78	7.39	7.99	8.58	9.15	9.71	10.26	10.80	11.32	0.1885

外径 D (mm)	理论质量(kg/m) 壁厚(mm)													外表面积 (m²/ m)
	5.0	6.0	7.0	8.0	9.0	10.0	11.0	12.0	13.0	14.0	15.0	16.0	17.0	
63	7.15	8.43	9.67	10.85	11.98	13.07	14.11	15.09	16.03	16.92	17.76	18.55	—	0.1979
65	7.40	8.73	10.01	11.25	12.43	13.56	14.65	15.68	16.67	17.61	18.50	19.33	—	0.2042
68	7.77	9.17	10.53	11.84	13.10	14.30	15.46	16.57	17.63	18.64	19.61	20.52	—	0.2136
70	8.01	9.47	10.88	12.23	13.54	14.80	16.01	17.16	18.27	19.33	20.35	21.31	22.22	0.2199
73	8.38	9.91	11.39	12.82	14.20	15.54	16.82	18.05	19.24	20.37	21.46	22.49	23.48	0.2293
76	8.75	10.36	11.91	13.42	14.87	16.28	17.63	18.94	20.20	21.41	22.57	23.67	24.73	0.2388
77	8.88	10.50	12.08	13.61	15.09	16.52	17.90	19.23	20.52	21.75	22.94	24.07	25.15	0.2419
80	9.25	10.95	12.60	14.20	15.76	17.26	18.72	20.12	21.48	22.79	24.05	25.25	26.41	0.2513
83	9.62	11.39	13.12	14.80	16.42	18.00	19.53	21.01	22.44	23.82	25.15	26.44	27.67	0.2608
85	9.86	11.69	13.46	15.19	16.87	18.50	20.07	21.60	23.08	24.51	25.89	27.23	28.51	0.2670
89	10.36	12.28	14.16	15.98	17.76	19.48	21.16	22.79	24.36	25.89	27.37	28.80	30.18	0.2796
95	11.10	13.17	15.19	17.16	19.09	20.96	22.79	24.56	26.29	27.96	29.59	31.17	32.70	0.2985
102	11.96	14.21	16.40	18.55	20.64	22.69	24.69	26.63	28.53	30.38	32.18	33.93	35.63	0.3204
108	12.70	15.09	17.44	19.73	21.97	24.17	26.31	28.41	30.46	32.45	34.40	36.30	38.15	0.3393
114	13.44	15.98	18.47	20.91	23.30	25.65	27.94	30.19	32.38	34.52	36.62	38.67	40.66	0.3581
121	14.30	17.02	19.68	22.29	24.86	27.37	29.84	32.26	34.62	36.94	39.21	41.43	43.60	0.3801
127	15.04	17.90	20.71	23.48	26.19	28.85	31.47	34.03	36.55	39.01	41.43	43.80	46.12	0.3990

外径 D (mm)	理论质量(kg/m) 壁厚(mm)													外表面积 (m²/ m)
	10.0	11.0	12.0	13.0	14.0	15.0	16.0	17.0	18.0	19.0	20.0	22.0	24.0	
133	30.33	33.10	35.81	38.47	41.08	43.65	46.16	48.63	51.05	53.41	55.73	60.22	64.51	0.4178
140	32.06	34.99	37.88	40.71	43.50	46.24	48.93	51.56	54.15	56.69	59.18	64.02	68.65	0.4398
142	32.55	35.54	38.47	41.36	44.19	46.98	49.72	52.41	55.04	57.63	60.17	65.15	69.84	0.4461
146	33.54	36.62	39.66	42.64	45.57	48.46	51.29	54.08	56.82	59.50	62.14	67.27	72.20	0.4587

续表

外径 D (mm)	理论质量(kg/m)													外表面积 (m²/m)
	壁厚(mm)													
	10.0	11.0	12.0	13.0	14.0	15.0	16.0	17.0	18.0	19.0	20.0	22.0	24.0	
152	35.02	38.25	41.43	44.56	47.64	50.68	53.66	56.59	59.48	62.32	65.10	70.53	75.76	0.4775
159	36.75	40.15	43.50	46.80	50.06	53.27	56.42	59.53	62.59	65.60	68.55	74.33	79.90	0.4995
168	38.97	42.59	46.17	49.69	53.17	56.59	59.97	63.30	66.58	69.81	72.99	79.21	85.22	0.5278
180	41.92	45.84	49.72	53.54	57.31	61.03	64.71	68.33	71.91	75.43	78.91	85.72	92.33	0.5655
194	45.38	49.64	53.86	58.02	62.14	66.21	70.23	74.20	78.12	81.99	85.82	93.31	100.61	0.6095
203	47.59	52.08	56.52	60.91	65.25	69.54	73.78	77.97	82.12	86.21	90.26	98.20	105.94	0.6377
219	51.54	56.42	61.26	66.04	70.77	75.46	80.10	84.68	89.22	93.71	98.15	106.88	115.41	0.6880
245	57.95	63.48	68.95	74.37	79.75	83.08	90.35	95.58	100.76	105.89	110.97	120.98	130.80	0.7697
273	64.86	71.07	77.24	83.35	89.42	95.43	101.40	107.32	113.19	119.01	124.78	136.17	147.37	0.8577
299	71.27	78.13	84.93	91.69	98.39	105.05	111.68	118.22	124.73	131.19	137.60	150.28	162.76	0.9393
325	77.68	85.18	92.63	100.02	107.37	114.67	121.92	129.12	136.27	143.37	150.43	164.38	178.14	1.0210
340	81.38	89.25	97.07	104.84	112.56	120.22	127.85	135.42	142.94	150.41	157.83	172.53	187.03	1.0681
351	84.10	92.23	100.32	108.36	116.35	124.29	132.18	140.02	147.81	155.56	163.25	178.49	193.53	1.1027

注：1. 理论质量 $=0.0061654 \, (D^2-d^2)$

D，d 的单位均为 mm，d 为钢管内径。理论质量按密度 7.85g/cm³ 计算。

如外径 50mm，壁厚 5mm 钢管的理论质量：

$d=50-5 \times 2=40$（mm）

理论质量 $=0.0061654 \, (50^2-40^2)=5.55$（kg/m）

（理论质量计算公式亦适用于普通焊接钢管、螺纹钢管）

2. 每 1m 外表面积（m²，外径处表面积）$=\pi D$（D 的单位为 m）。

（2）铸铁管规格及理论质量，见表 B-18。

铸铁管规格及理论质量　　　　　　表 B-18

内径 (mm)	普压承插管				低压承插管			
	有效长(m)							
	3	4	5	6	3	4	5	6
	理论质量(kg/根)							
75	58.5	75.6	—	—	58.5	75.6	—	—
100	75.5	97.7	119.9	—	75.5	97.7	—	—
125	—	119.0	146.3	—	—	119.0	—	—
150	—	149.0	183.3	217.6	—	143.0	175.6	208.2
200	—	207.0	254.5	302.0	—	196.0	240.8	285.6
250	—	277.0	340.7	404.4	—	254.0	312.0	370.0

内径 (mm)	普压承插管				低压承插管			
	有效长(m)							
	3	4	5	6	3	4	5	6
	理论质量(kg/根)							
300	—	348.0	428.3	508.6	—	315.0	387.1	459.2
350	—	420.0	524.3	622.6	—	382.0	469.1	556.2
400	—	520.0	640.0	760.0	—	453.2	556.0	659.0
450	—	608.0	748.0	888.0	—	533.0	564.0	775.0
500	—	706.0	869.0	1032.0	—	615.0	755.0	895.0
600	—	928.0	1142.0	1356.0	—	798.0	980.0	1162.0
700	—	1160.0	1427.0	1694.0	—	986.0	1210.0	1434.0
800	—	1440.0	1773.0	2106.0	—	1210.0	1485.0	1760.0
900	—	1760.0	2166.0	2572.0	—	1430.0	1754.0	2078.0
1000	—	2210.0	2717.0	3224.0	—	—	—	—
1100	—	2590.0	3185.0	3780.0	—	—	—	—
1200	—	3010.0	3700.0	4390.0	—	—	—	—
1350	—	3740.0	4594.0	5448.0	—	—	—	—
1500	—	4350.0	5564.0	6598.0	—	—	—	—

（3）螺旋焊缝电焊钢管规格及理论质量，见表 B-19。

螺旋焊缝电焊钢管规格及理论质量　　　　表 B-19

外径 (mm)	壁厚(mm)					
	5	6	7	8	9	10
	理论质量(kg/m)					
245	29.59	35.36	41.09	—	—	—
273	—	—	45.92	52.28	—	—
299	—	—	50.41	—	—	—
325	—	—	54.90	62.54	—	—
351	—	—	59.39	—	—	—
377	—	—	63.87	—	81.67	—
426	—	—	72.32	82.47	92.55	—
478	—	—	81.31	92.73	104.09	—
529	—	—	90.11	102.90	115.40	—
631	—	—	107.50	122.70	137.80	152.90
720	—	—	123.50	140.50	157.80	175.10

（4）焊接钢管规格及理论质量，见表 B-20。

焊接钢管规格及理论质量　　　　　　　　表 B-20

公称直径		外径		普通钢管			加厚钢管		
		公称尺寸 (mm)	允许偏差	壁厚		理论质量 (kg/m)	壁厚		理论质量 (kg/m)
(mm)	(in)			公称尺寸 (mm)	允许偏差 (%)		公称尺寸 (m)	允许偏差 (%)	
6	1/8	10.0		2.00		0.39	2.50		0.46
8	1/4	13.5		2.25		0.62	2.75		0.73
10	3/8	17.0		2.25		0.82	2.75		0.97
15	1/2	21.3	±0.50mm	2.75		1.26	3.25		1.45
20	3/4	26.8		2.75		1.63	3.50		2.01
25	1	33.5		3.00		2.42	4.00		2.91
32	1¼	42.3		3.25	+12	3.13	4.00	+12	3.78
40	1½	48.0		3.50	−15	3.84	4.25	−15	4.58
50	2	60.0		3.50		4.88	4.50		6.16
65	2½	75.5		3.75		6.64	4.50		7.88
80	3	88.5	±1%	4.00		8.34	4.75		9.81
100	4	114.0		4.00		10.85	5.00		13.44
125	5	140.0		4.00		13.42	5.50		18.24
150	6	165.0		4.50		17.81	5.50		21.63

　　注：公称直径，表示近似内径的参考尺寸。对各种规格的钢管，其外径决定于 YB822 所规定的尺寸。每种规格的实际内径随着管壁厚度而变化。公称直径不等于外径减 2 倍壁厚之差。

（5）镀锌焊接钢管规格及理论质量，见表 B-21。

镀锌焊接钢管规格及理论质量　　　　　　　　表 B-21

公称口径		外径(mm)	普通镀锌钢管		加厚镀锌钢管	
mm	in		壁厚 (mm)	理论质量 (kg/m)	壁厚 (mm)	理论质量 (kg/m)
6	1/8	10.0	2.00	0.41	2.50	0.49
8	1/4	13.5	2.25	0.65	2.75	0.76
10	3/8	17.0	2.25	0.87	2.75	1.01

公称口径		外径(mm)	普通镀锌钢管		加厚镀锌钢管	
mm	in		壁厚 (mm)	理论质量 (kg/m)	壁厚 (mm)	理论质量 (kg/m)
15	$\frac{1}{2}$	21.3	2.75	1.32	3.25	1.51
20	$\frac{3}{4}$	26.8	2.75	1.70	3.50	2.09
25	1	33.5	3.25	2.51	4.00	3.00
32	$1\frac{1}{4}$	42.3	3.25	3.25	4.00	3.90
40	$1\frac{1}{2}$	48.0	3.50	3.98	4.25	4.73
50	2	60.0	3.50	5.05	4.50	6.33
65	$2\frac{1}{2}$	75.5	3.75	6.87	4.50	8.10
80	3	88.5	4.00	8.61	4.75	10.07
100	4	114.0	4.00	11.20	5.00	13.79
125	5	140.0	4.00	13.80	5.50	18.66
150	6	165.0	4.50	18.31	5.50	22.13

注：1. 公称口径系近似内径的名义尺寸，不表示外径减去两个壁厚所得的内径。

　　2. 外径、壁厚均指黑管（镀锌前）尺寸。

（6）普通碳素钢电线套管规格及理论质量，见表 B-22。

普通碳素钢电线套管规格及理论质量　　　　表 B-22

公称口径(内径)		外径 (mm)	壁厚 (mm)	理论质量(kg/m) (不计管接头)
(mm)	(in、英寸)			
10	3/8	9.51	1.24	0.261
12	1/2	12.70	1.60	0.451
15	5/8	15.87	1.60	0.562
20	3/4	19.05	1.80	0.765
25	1	25.40	1.80	1.035
32	$1\frac{1}{4}$	31.75	1.80	1.335

续表

公称口径（内径）		外径	壁厚	理论质量（kg/m）
（mm）	（in、英寸）	（mm）	（mm）	（不计管接头）
40	$1\frac{1}{2}$	38.10	1.80	1.611
50	2	50.80	2.00	2.400
64	$2\frac{1}{2}$	63.50	2.50	3.760
76	3	76.20	3.20	5.750

B.2.2.5 角钢

（1）热轧等边角钢规格及理论质量，见表 B-23。

热轧等边角钢规格及理论质量　　　　　表 B-23

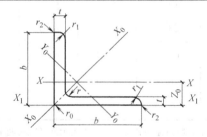

角钢号数	尺寸（mm）			截面面积（cm²）	理论质量（kg/m）	外形面积（m²/m）
	b	t	r			
2	20	3	3.5	1.132	0.889	0.078
		4		1.459	1.145	0.077
2.5	25	3		1.432	1.124	0.098
		4		1.859	1.459	0.097
3.0	30	3	4.5	1.749	1.373	0.117
		4		2.276	1.786	0.117
3.6	36	3		2.109	1.656	0.141
		4		2.756	2.163	0.141
		5		3.382	2.654	0.141

续表

角钢号数	尺寸(mm)			截面面积（cm²）	理论质量（kg/m）	外形面积（m²/m）
	b	t	r			
4	40	3	5	2.359	1.825	0.157
		4		3.086	2.422	0.157
		5		3.791	2.976	0.156
4.5	45	3	5	2.659	2.088	0.177
		4		3.486	2.736	0.177
		5		4.292	3.369	0.176
		6		5.076	3.985	0.176
5	50	3	5.5	2.971	2.332	0.197
		4		3.897	3.059	0.197
		5		4.803	3.770	0.196
		6		5.688	4.465	0.196
5.6	56	3	6	3.343	2.624	0.221
		4		4.390	3.446	0.220
		5		5.415	4.251	0.220
		8		8.367	6.568	0.219
6.3	63	4	5	4.978	3.907	0.248
		5		6.143	4.822	0.248
		6		7.288	5.721	0.247
		8		9.515	7.469	0.247
		10		11.657	9.151	0.246
7	70	4	8	5.570	4.372	0.275
		5		6.875	5.397	0.275
		6		8.160	6.406	0.275
		7		9.424	7.398	0.725
		8		10.667	8.373	0.274
(7.5)	75	5	9	7.367	5.818	0.295
		6		8.797	6.905	0.294

角钢号数	尺寸(mm)			截面面积（cm²）	理论质量（kg/m）	外形面积（m²/m）
	b	t	r			
(7.5)	75	7		10.160	7.976	0.294
		8		11.503	9.030	0.294
		10		14.126	11.089	0.293
8	80	5	9	7.912	6.211	0.315
		6		9.397	7.376	0.314
		7		10.860	8.525	0.314
		8		12.303	9.658	0.314
		10		15.126	11.874	0.313
9	90	6	10	10.637	8.350	0.354
		7		12.301	9.656	0.354
		8		13.944	10.946	0.353
		10		17.167	13.476	0.353
		12		20.306	15.940	0.352
10	100	6	12	11.932	9.366	0.393
		7		13.796	10.830	0.393
		8		15.638	12.276	0.393
		10		19.261	15.120	0.392
		12		22.800	17.898	0.391
		14		26.256	20.611	0.391
		16		29.627	23.257	0.390
11	110	7		15.196	11.928	0.433
		8		17.238	13.532	0.433
		10		21.261	16.690	0.432
		12		25.200	19.782	0.431
		14		29.056	22.809	0.431
12.5	125	8	14	19.750	15.504	0.492
		10		24.373	19.133	0.491

续表

角钢号数	尺寸（mm）			截面面积（cm²）	理论质量（kg/m）	外形面积（m²/m）
	b	t	r			
12.5	125	12		28.912	22.696	0.491
		14		33.367	26.193	0.490
14	140	10	14	27.373	21.488	0.551
		12		32.512	25.522	0.551
		14		37.567	29.490	0.550
		16		42.539	33.393	0.549
16	160	10	16	31.502	24.729	0.630
		12		37.441	29.391	0.630
		14		43.296	33.987	0.629
		16		49.067	38.518	0.629
18	180	12		42.241	33.159	0.710
		14		48.896	38.383	0.709
		16		55.467	43.542	0.709
		18		61.955	48.634	0.708
20	200	14	18	54.642	42.894	0.788
		16		62.013	48.680	0.788
		18		69.301	54.401	0.787
		20		76.505	60.056	0.787
		24		90.661	71.168	0.785

（2）热轧不等边角钢规格及理论质量，见表 B-24。

热轧不等边角钢规格及理论质量　　　**表 B-24**

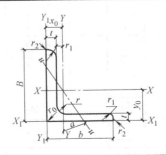

角钢号数	尺寸(mm)				截面面积(cm²)	理论质量(kg/m)	外表面积(m²/m)
	B	b	t	r			
2.5/1.6	25	16	3	3.5	1.162	0.912	0.080
			4		1.499	1.176	0.079
3.2/2	32	20	3		1.492	1.171	0.102
			4		1.939	1.522	0.101
4/2.5	40	25	3	4	1.890	1.484	0.127
			4		2.467	1.936	0.127
4.5/2.8	45	28	3	5	2.149	1.687	0.143
			4		2.806	2.203	0.143
5/3.2	50	32	3	5.5	2.431	1.908	0.161
			4		3.177	2.494	0.160
5.6/3.6	56	36	3	6	2.743	2.153	0.181
			4		3.590	2.818	0.180
			5		4.415	3.466	0.180
6.3/4	63	40	4	2	4.058	3.185	0.202
			5		4.993	3.920	0.202
			6		5.908	4.638	0.201
			7		6.802	5.339	0.201
7/4.5	70	45	4	7.5	4.547	3.570	0.226
			5		5.609	4.403	0.225
			6		6.647	5.218	0.225
			7		7.657	6.011	0.225
(7.5/5)	75	50	5	8	6.125	4.808	0.245
			6		7.260	5.699	0.245
			8		9.467	7.431	0.244
			10		11.590	9.098	0.244
8/5	80	50	5		6.375	5.005	0.255
			6		7.560	5.935	0.255

续表

角钢号数	尺寸(mm)				截面面积 (cm²)	理论质量 (kg/m)	外表面积 (m²/m)
	B	b	t	r			
8/5	80	50	7	8	8.724	6.848	0.255
			8		9.867	7.745	0.254
9/5.6	90	56	5	9	7.212	5.661	0.287
			6		8.557	6.717	0.286
			7		9.880	7.756	0.286
			8		11.183	8.779	0.286
10/6.3	100	63	6	10	9.617	7.550	0.320
			7		11.111	8.722	0.320
			8		12.584	9.878	0.319
			10		15.467	12.142	0.319
10/8	100	80	6	10	10.637	8.350	0.354
			7		12.301	9.656	0.354
			8		13.944	10.946	0.353
			10		17.167	13.476	0.353
11/7	110	70	6	10	10.637	8.350	0.354
			7		12.301	9.656	0.354
			8		13.944	10.946	0.353
			10		17.167	13.476	0.353
12.5/8	125	80	7	11	14.096	11.066	0.403
			8		15.989	12.551	0.403
			10		19.712	15.474	0.402
			12		23.351	18.330	0.402
14/9	145	90	8	12	18.038	14.160	0.453
			10		22.261	17.475	0.452
			12		26.400	20.724	0.451
			14		30.456	23.908	0.451
16/10	160	100	10	13	25.315	19.872	0.512

续表

角钢号数	尺寸(mm)				截面面积 (cm²)	理论质量 (kg/m)	外表面积 (m²/m)
	B	b	t	r			
16/10	160	100	12	13	30.054	23.592	0.511
			14		34.709	27.247	0.510
			16		39.281	30.835	0.510
18/11	180	110	10	14	28.37	22.273	0.571
			12		33.712	26.464	0.571
			14		38.967	30.589	0.570
			16		44.139	34.649	0.569
20/12.5	200	125	12		37.912	20.761	0.641
			14		43.867	34.436	0.640
			16		49.739	39.045	0.639
			18		56.526	43.588	0.639

（3）冷弯等边角钢规格及理论质量，见表 B-25。

冷弯等边角钢规格及理论质量　　　　　表 B-25

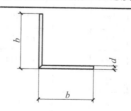

b——边宽度；d——边厚度

名称(b×b×d)	尺寸(mm)		理论质量 (kg/m)	表面积 (m²/t)
	b	d		
20×20×1.2	20	1.2	0.354	225.99
20×20×1.6		1.6	0.463	172.79
20×20×2.0		2.0	0.566	141.34
25×25×1.6	25	1.6	0.588	170.07
25×25×2.0		2.0	0.723	138.31
25×25×2.5		2.5	0.885	112.99
25×25×3.0		3.0	1.039	96.25

名称($b \times b \times d$)	尺寸(mm)		理论质量	表面积
	b	d	(kg/m)	(m²/t)
30×30×1.6		1.6	0.714	168.07
30×30×2.0	30	2.0	0.880	136.36
30×30×2.5		2.5	1.081	111.01
30×30×3.0		3.0	1.274	94.19
40×40×1.6		1.6	0.965	165.80
40×40×2.0		2.0	1.194	134.00
40×40×2.5	40	2.5	1.473	108.62
40×40×3.0		3.0	1.745	91.69
40×40×4.0		4.0	2.266	70.61
50×50×2.0		2.0	1.508	132.63
50×50×2.5	50	2.5	1.866	107.18
50×50×3.0		3.0	2.216	90.25
50×50×4.0		4.0	2.894	69.11
60×60×2.0		2.0	1.882	131.72
60×60×2.5	60	2.5	2.258	106.29
60×60×3.0		3.0	2.687	89.32
60×60×4.0		4.0	3.522	68.14
70×70×3.0		3.0	3.158	88.66
70×70×4.0	70	4.0	4.150	67.47
70×70×5.0		5.0	5.110	54.79
80×80×3.0		3.0	3.629	88.18
80×80×4.0	80	4.0	4.778	66.97
80×80×5.0		5.0	5.895	54.28
80×80×6.0		6.0	6.982	45.83
100×100×3.0		3.0	4.571	87.51
100×100×4.0	100	4.0	6.034	66.29
100×100×5.0		5.0	7.465	53.58
100×100×6.0		6.0	8.866	45.12

注：1. 理论质量按密度 7.85g/m³ 计算。

　　2. 表面积按 $4b$(mm)÷理论质量计算。

（4）冷弯不等边角钢规格及理论质量，见表 B-26。

冷弯不等边角钢规格及理论质量　　　　　表 B-26

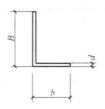

B—长边宽度；b—短边宽度；d—边厚度

名称	尺寸(mm)			理论质量	表面积
（$B \times b \times d$）	B	b	d	（kg/m）	（m²/t）
25×15×2.0	25	15	2.0	0.566	141.34
25×15×2.5			2.5	0.688	116.28
25×15×3.0			3.0	0.803	99.63
30×20×2.0	30		2.0	0.723	138.31
30×20×2.5			2.5	0.885	112.99
30×20×3.0		20	3.0	1.039	96.25
35×20×2.0	35		2.0	0.802	137.16
35×20×2.5			2.5	0.983	111.90
35×20×3.0			3.0	1.156	95.16
40×25×2.5	40	25	2.5	1.179	110.26
40×25×3.0			3.0	1.392	93.39
50×30×2.5	50	30	2.5	1.473	108.62
50×30×3.0			3.0	1.745	91.69
50×30×4.0			4.0	2.266	70.61
60×40×2.5	60		2.5	1.866	107.18
60×40×3.0			3.0	2.216	90.25
60×40×4.0		40	4.0	2.894	69.11
70×40×3.0	70		3.0	2.452	89.72
70×40×4.0			4.0	3.208	68.58
80×50×3.0	80	50	3.0	2.923	88.95
80×50×4.0			4.0	3.836	67.78

名称($B \times b \times d$)	尺寸(mm)			理论质量 (kg/m)	表面积 (m²/t)
	B	b	d		
$100 \times 60 \times 3.0$			3.0	3.629	88.18
$100 \times 60 \times 4.0$	100	60	4.0	4.778	66.97
$100 \times 60 \times 5.0$			5.0	5.895	54.28
$120 \times 80 \times 4.0$			4.0	6.034	66.29
$120 \times 80 \times 5.0$	120	80	5.0	7.465	53.58
$120 \times 80 \times 6.0$			6.0	8.866	45.12

注：1. 理论质量按密度 7.85g/cm³ 计算。

2. 表面积按 $2(B+b)$（mm）÷理论质量计算。

B.2.2.6 热轧工字钢规格及理论质量，见表 B-27。

热轧工字钢规格及理论质量　　　　　　表 B-27

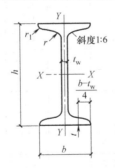

型号	尺寸(mm)						截面面积 (cm²)	理论质量 (kg/m)
	h	b	t_w	t	r	r_1		
10	100	68	4.5	7.6	6.5	3.3	14.345	11.261
12.6	126	74	5.0	8.4	7.0	3.5	18.118	14.223
14	140	80	5.5	9.1	7.5	3.8	21.516	16.890
16	160	88	6.0	9.9	8.0	4.0	26.131	20.512
18	180	94	6.5	10.7	8.5	4.3	30.156	24.143
20a	200	100	7.0	11.4	9.0	4.5	35.578	27.929
20b	200	102	9.0	11.4	9.0	4.5	39.758	31.069

型号	尺寸(mm)						截面面积 (cm²)	理论质量 (kg/m)
	h	b	t_w	t	r	r_1		
22a	220	110	7.5	12.3	9.5	4.8	42.128	33.070
22b	220	112	9.5	12.3	9.5	4.8	46.528	36.524
25a	250	116	8.0	13.0	10.0	5.0	48.541	38.105
25b	250	118	10.0	13.0	10.0	5.0	53.541	42.030
28a	280	122	8.5	13.7	10.5	5.3	55.404	43.492
28b	280	124	10.5	13.7	10.5	5.3	61.004	47.988
32a	320	130	9.5	15.0	11.5	5.8	67.156	52.717
32b	320	132	11.5	15.0	11.5	5.8	73.556	57.741
32c	320	134	13.5	15.0	11.5	5.8	79.956	62.765
36a	360	136	10.0	15.8	12.0	6.0	76.480	60.037
36b	360	138	12.0	15.8	12.0	6.0	83.680	65.689
36c	360	140	14.0	15.8	12.0	6.0	90.880	71.341
40a	400	142	10.5	6.5	12.5	6.3	86.112	67.598
40b	400	144	12.5	16.5	12.5	6.3	94.112	73.878
40c	400	146	14.5	16.5	12.5	6.3	102.112	80.158
45a	450	150	11.5	18.0	13.5	6.8	102.446	80.420
45b	450	152	13.5	18.0	13.5	6.8	111.446	87.485
45c	450	154	15.5	18.0	13.5	6.8	120.446	94.550
50a	550	158	12.0	20.0	14.0	7.0	119.304	93.654
50b	500	160	14.0	20.0	14.0	7.0	129.304	101.504
50c	500	166	16.0	20.0	14.0	7.0	139.304	109.354
56c	560	168	12.5	21.0	14.5	7.3	135.435	106.316
56b	560	168	14.5	21.0	14.5	7.3	146.635	115.108
56c	560	170	16.5	21.0	14.5	7.3	157.835	123.900
63a	630	176	13.0	22.0	15.0	7.5	154.658	121.407
63b	630	178	15.0	22.0	15.0	7.5	167.258	131.298
63c	630	180	17.0	22.0	15.0	7.5	179.858	141.189

B.2.2.7　槽钢

（1）热轧槽钢规格及理论质量，见表 B-28。

热轧槽钢规格及理论质量　　　　　表 B-28

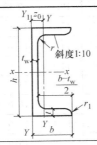

型号	尺寸(mm)						截面面积（cm²）	理论质量（kg/m）
	h	b	t_w	t	r	r_1		
5	50	37	4.5	7.0	70	3.5	6.928	5.438
6.3	63	40	4.8	7.5	7.5	3.8	8.451	6.634
8	80	43	5.0	8.0	8.0	4.0	10.248	8.045
10	100	48	5.3	8.5	8.5	4.2	12.748	10.007
12.6	126	53	5.5	9.0	9.0	4.5	15.692	12.318
14a	140	58	6.0	9.5	9.5	4.8	18.516	14.535
14b	140	60	8.0	9.5	9.5	4.8	21.316	16.733
16a	160	63	6.5	10.0	10.0	5.0	21.962	17.240
16	160	65	8.5	10.0	10.0	5.0	25.162	19.732
18a	180	68	7.0	10.5	10.5	5.2	25.699	20.174
18	180	70	9.0	10.5	10.5	5.2	29.299	23.000
20a	200	73	7.0	11.0	11.0	5.5	28.837	22.637
20	200	75	9.0	11.0	11.0	5.5	32.837	25.777
22a	220	77	7.0	11.5	11.5	5.8	31.846	24.999
22	220	79	9.0	11.5	11.5	5.8	36.246	28.453
25a	250	78	7.0	12.0	12.0	6.0	34.917	27.410
25b	250	80	9.0	12.0	12.0	6.0	39.917	31.335
25c	250	82	11.0	12.0	12.0	6.2	44.917	35.260
28a	280	82	7.5	12.5	12.5	6.2	40.034	31.427

续表

型号	尺寸(mm)						截面面积 (cm²)	理论质量 (kg/m)
	h	b	t_w	t	r	r_1		
28b	280	84	9.5	12.5	12.5	6.2	45.634	35.823
28c	280	86	11.5	12.5	12.5	7.0	51.234	40.219
32a	320	88	8.0	14.0	14.0	7.0	48.513	38.083
32b	320	90	10.0	14.0	14.0	7.0	54.913	43.107
32c	320	92	12.0	14.0	14.0	7.0	61.313	48.131
36a	360	96	9.0	16.0	16.0	8.0	60.910	41.814
36b	360	98	11.0	16.0	16.0	8.0	68.110	53.466
36c	360	100	13.0	16.0	16.0	8.0	75.310	59.118
40a	400	100	10.5	18.0	18.0	9.0	75.068	58.928
40b	400	102	12.5	18.0	18.0	9.0	83.068	65.208
40c	400	104	14.5	18.0	18.0	9.0	91.068	71.488

注：1. 理论质量按密度 7.85g/cm³ 计算。

2. 每 1m 表面积 (m²) $= 2(h-d)+4b-0.8584(r+r_1)$

h, d, b, r, r_1 的单位均为 m。

$$每 1t 表面积(m²) = \frac{1000}{理论质量} \times 每 1m 表面积$$

（2）热轧轻型槽钢规格及理论质量，见表 B-29。

热轧轻型槽钢规格及理论质量　　　表 B-29

型号	尺寸(mm)			理论质量(kg/m)
	h	b	d	
10Q	100	45	4	7.56
12Q	120	55	4.2	9.83
14Q	140	60	4.4	11.52
16Q	160	65	4.6	13.32
18Q	180	70	4.8	15.34
20Q	200	75	5	17.94
22Q	220	80	5.4	20.91
25Q	250	85	5.8	24.71
28Q	280	90	6	27.73
32Q	320	95	6.2	31.49

注：1. h, b, d 同表 B-28。

2. 制造钢号为 16Mn，16MnCu 等。

（3）冷弯等边槽钢规格及理论质量，见表 B-30。

冷弯等边槽钢规格及理论质量　　　　　**表 B-30**

H——高；B——腿宽；d——腰厚

名称	尺寸(mm)			理论质量	表面积
($H\times B\times d$)	H	B	d	（kg/m）	（m²/t）
20×10×1.5	20	10	1.5	0.401	192.02
20×10×2.0			2.0	0.505	150.50
20×10×2.5			2.5	0.593	126.48
30×10×1.5	30	10	1.5	0.519	186.90
30×10×2.0			2.0	0.662	145.02
30×10×2.5			2.5	0.789	120.41
30×30×3.0		30	3.0	1.843	94.41
40×20×2.0	40	20	2.0	1.133	137.69
40×20×2.5			2.5	1.378	112.48
40×20×3.0			3.0	1.607	95.83
50×30×2.0	50	30	2.0	1.604	134.66
50×30×2.5			2.5	1.967	109.30
50×30×3.0			3.0	2.314	92.48
50×50×3.0		50	3.0	3.256	90.29
60×30×2.5	60	30	2.5	2.163	108.65
60×30×3.0			3.0	2.549	91.80
80×40×2.5	80	40	2.5	2.948	106.85
80×40×3.0			3.0	3.491	89.95
80×40×4.0			4.0	4.532	68.84
100×50×3.0	100	50	3.0	4.433	88.88
100×50×4.0			4.0	5.788	67.73
120×60×3.0	120	60	3.0	5.375	88.19
120×60×4.0			4.0	7.044	67.01

名称	尺寸(mm)			理论质量	表面积
（H×B×d）	H	B	d	（kg/m）	（m²/t）
140×60×3.0	140	60	3.0	5.846	87.92
140×60×4.0			4.0	7.672	66.74
140×60×5.0			5.0	9.436	54.05
160×60×3.0	160	60	3.0	6.317	87.70
160×60×4.0			4.0	8.300	66.51
160×60×5.0			5.0	10.221	53.81
160×80×3.0		80	3.0	7.259	87.34
160×80×4.0			4.0	9.556	66.14
160×80×5.0			5.0	11.791	53.43
180×80×4.0	180	80	4.0	10.184	65.99
180×80×5.0			5.0	12.576	53.28
200×80×4.0	200		4.0	10.812	65.85
200×80×5.0			5.0	13.361	53.14
200×80×6.0			6.0	15.849	44.67

注：1. 理论质量按密度 7.85g/cm³ 计算。

2. 表面积按 2(H+2B−d)（mm）÷理论质量计算。

（4）冷弯不等边槽钢规格及理论质量，见表 B-31。

冷弯不等边槽钢规格及理论质量　　　　表 B-31

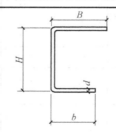

H——高；b——腿宽；d——腰厚

名称	尺寸(mm)				理论质量	表面积
（H×B×b×d）	H	B	b	d	（kg/m）	（m²/t）
30×20×10×3.0	30	20	10	3.0	1.180	96.61
40×32×20×3.0	40	3.2	20		1.934	92.04

续表

名称 （$H×B×b×d$）	尺寸（mm）				理论质量 （kg/m）	表面积 （m²/t）
	H	B	b	d		
50×32×20×2.5	50	32	20	2.5	1.840	108.15
50×32×20×3.0				3.0	2.169	91.29
50×50×32×2.5		50	32	2.5	2.429	106.63
60×32×25×2.5	60	32	25		2.134	107.31
60×32×25×3.0				3.0	2.523	90.37
75×30×15×2.5	75	30	15	2.5	2.193	107.16
75×30×15×3.0				3.0	2.593	90.24
70×45×15×3.0	70	45		3.0	2.829	89.78
70×65×35×2.5		65	35	2.5	3.174	105.55
80×40×20×2.5	80	40	20		2.586	106.34
80×40×20×3.0				3.0	3.064	89.43
100×60×30×3.0	100	60	30	3.0	4.242	88.17
150×60×50×3.0	150		50		5.890	87.27

注：1. 理论质量按密度 7.85g/cm³ 计算。

　　2. 表面积按 2($H+B+b-d$)（mm）÷理论质量计算。

B.2.2.8　H 型钢

（1）热轧 H 型钢规格及理论质量，见表 B-32。

热轧 H 型钢规格及理论质量　　　　表 B-32

H——高度；B——宽度；t_1——腹板厚度；t_2——翼缘厚度；r——圆角半径

类别	型号 （高度×宽度）	截面尺寸（mm）				理论质量 （kg/m）
		$H×B$	t_1	t_2	r	
HW	100×100	100×100	6	8	10	17.2
	125×125	125×125	6.5	9	10	23.8

续表

类别	型号 （高度×宽度）	截面尺寸(mm)				理论质量 （kg/m）
		$H \times B$	t_1	t_2	r	
HW	150×150	150×150	7	10	3	31.9
	175×175	175×175	7.5	11	13	40.3
	200×200	200×200	8	12	16	50.5
		♯200×204	12	12	15	56.7
	250×250	250×250	9	14	16	72.4
		♯250×255	14	14	16	82.2
	300×300	♯294×302	12	12	20	85.0
	300×300	300×300	10	15	20	94.5
		300×305	15	15	20	106
	350×350	♯344×348	10	16	20	115
		350×350	12	14	20	137
	400×400	♯388×402	15	15	24	141
		♯394×398	11	18	24	147
		400×400	13	21	24	172
		♯400×408	21	21	24	197
		♯414×405	18	28	24	233
		♯428×407	20	35	24	284
		458×417	30	50	24	415
		498×432	45	70	24	605
HM	150×100	148×100	6	9	13	21.4
	200×150	194×150	6	9	16	31.2
	250×175	244×175	7	11	16	44.1
	300×200	294×200	8	12	20	57.3
	350×250	340×250	9	14	20	79.7
	400×300	390×300	10	16	25	107
	450×300	440×300	11	18	24	124
	500×300	482×300	11	15	28	115

类别	型号 （高度×宽度）	截面尺寸（mm）				理论质量 （kg/m）
		$H \times B$	t_1	t_2	r	
HM	500×300	488×300	11	18	28	129
	600×300	582×300	12	17	28	137
		588×300	12	20	28	151
		594×302	14	23	28	175
HN	100×50	100×50	5	7	10	9.54
	125×60	125×60	6	8	10	13.3
	150×75	150×75	5	7	10	14.3
	175×90	175×90	5	8	10	18.2
	200×100	198×99	4.5	7	13	18.5
		200×100	5.5	8	13	21.7
	250×125	248×124	5	8	13	25.8
		250×125	6	9	13	29.7
	300×150	298×149	5.5	8	16	32.6
		300×150	6.5	9	16	37.3
	350×175	346×174	6	9	16	41.8
		350×175	7	11	16	50.0
	400×150	400×150	8	13	16	55.8
	400×200	396×199	7	11	16	56.7
		400×200	8	13	16	66.0
	450×150	450×150	9	14	20	65.5
	450×200	446×199	8	12	20	66.7
		450×200	9	14	20	76.5
	500×150	500×150	10	16	20	77.1
	500×200	496×199	9	14	20	79.5
		500×200	10	16	20	89.6
		♯506×201	11	19	20	103

类别	型号 (高度×宽度)	截面尺寸(mm)				理论质量 (kg/m)
		$H \times B$	t_1	t_2	r	
HN	600×200	596×199	10	15	24	95.1
		600×200	11	17	24	106
		≠606×201	12	20	24	120
	700×300	≠692×300	13	20	28	166
		700×300	13	24	28	185
	800×300	792×300	14	22	28	191
		800×300	14	26	28	210
	900×300	890×299	15	23	28	213
		900×300	16	28	28	243
		912×302	18	34	28	286

注：1. HW——宽翼缘 H 型钢；

   HM——中翼缘 H 型钢；

   HN——窄翼缘 H 型钢。

2. 理念质量按密度 7.85g/cm³ 计算。

3. "≠"表示非常用规格。

4. 每 1m 表面积(m)＝$2(H-t_1)+4B-1.7168r$

   H，t_1，B，r 的单位均为 m。

   每 1t 表面积(m²)＝$\dfrac{100}{理论质量} \times$ 每 1m 表面积

（2）热轧 H 型钢桩规格及理论质量，见表 B-33。

热轧 H 型钢桩规格及理论质量　　　　　　　**表 B-33**

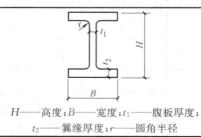

H——高度；B——宽度；t_1——腹板厚度；

t_2——翼缘厚度；r——圆角半径

类别	型号 (高度×宽度)	截面尺寸(mm)				理论质量 (kg/m)
		$H \times B$	t_1	t_2	r	
HP	200×200	200×204	12	12	16	56.7
	250×250	244×252	11	11	16	64.4
		250×255	14	14	16	82.2
	300×300	294×302	12	12	20	85.0
		300×300	10	15	20	94.5
		300×305	15	15	20	106
	350×350	338×351	13	13	20	106
		344×354	16	16	20	131
	350×350	350×350	12	19	20	137
		350×357	19	19	20	156
	400×400	388×402	15	15	24	141
		394×405	18	18	24	169
		400×400	13	21	24	172
		400×408	21	21	24	197
		414×405	18	28	24	233
		428×407	20	35	24	284
	500×500	492×465	15	20	28	204
		502×465	15	25	28	241
		502×470	20	25	28	261

注：1. HP——H 型钢桩。

2. 理论质量按密度 7.85g/cm³ 计算。

3. 每 1m 表面积(m²)＝2($H-t_1$)＋4B－1.7168r

H，t_1，B，r 的单位均为 m。

$$每 1t 表面积(m^2)＝\frac{1000}{理论质量}\times每 1m 表面积$$

B.2.2.9 Z 型钢

(1) 冷弯 Z 型钢规格及理论质量，见表 B-34。

冷弯 Z 型钢规格及理论质量　　　表 B-34

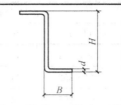

H——高；B——宽；d——厚

名称	尺寸（mm）			理论质量
（H×B×d）	H	B	d	（kg/m）
80×40×2.5	80	40	2.5	2.947
80×40×3.0			3.0	3.491
100×50×2.5	100	50	2.5	3.732
100×50×3.0			3.0	4.433

注：1. 理论质量按密度 7.85g/cm³ 计算。

　　2. 表面积按 2(H+2B-d)（mm）÷理论质量计算。

（2）冷弯斜卷边 Z 型钢规格及理论质量，见表 B-35。

冷弯斜卷边 Z 型钢规格及理论质量　　　表 B-35

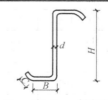

H——高；B——宽；C——斜卷边长；d——厚

序号	截面代号	尺寸（mm）				理论质量
		H	B	C	d	（kg/m）
1	Z140×2.0	140	50	20	2.0	4.233
2	Z140×2.2	140	50	20	2.2	4.638
3	Z140×2.5	140	50	20	2.5	5.240
4	Z160×2.0	160	60	20	2.0	4.861
5	Z160×2.2	160	60	20	2.2	5.329
6	Z160×2.5	160	60	20	2.5	6.025

序号	截面代号	尺寸(mm)				理论质量 (kg/m)
		H	B	C	d	
7	Z180×2.0	180	70	20	2.0	5.489
8	Z180×2.2	180	70	20	2.2	6.020
9	Z180×2.5	180	70	20	2.5	6.810
10	Z200×2.0	200	70	20	2.0	5.803
11	Z200×2.2	200	70	20	2.2	6.365
12	Z200×2.5	200	70	20	2.5	7.203
13	Z220×2.0	220	75	20	2.0	6.274
14	Z220×2.2	220	75	20	2.2	6.884
15	Z220×2.5	220	75	20	2.5	7.792
16	Z250×2.0	250	75	20	2.0	6.745
17	Z250×2.2	250	75	20	2.2	7.402
18	Z250×2.5	250	75	20	2.5	8.380

注：1. 理论质量按密度 7.85g/cm³ 计算。

　　2. 表面积按 $2(H+2B+2C-3d)$（mm）÷理论质量计算。

B.3　混凝土结构计算常用数据

B.3.1　我国《建筑结构可靠度设计统一标准》GB 50068—2001 首次提出了建筑结构的设计使用年限，见表 B-36。

设计使用年限分类表　　　　　表 B-36

类　别	设计使用年限（年）	示　　例
1	5	临时性结构
2	25	易于替换的结构构件
3	50	普通房屋和构筑物
4	100	纪念性建筑和特别重要的建筑结构

B.3.2　混凝土结构的抗震等级，见表 B-37。

混凝土结构的抗震等级　　　　　　　　　　表 B-37

结构体系与类型		设防烈度						
		6		7		8		9
框架结构	高度(m)	≤30	>30	≤30	>30	≤30	>30	≤25
	框架	四	三	三	二	二	一	一
	剧场、体育馆等大跨度公共建筑	三		二		一		
框架-剪力墙结构	高度(m)	≤60	>60	≤60	>60	≤60	>60	≤50
	框架	四	三	三	二	二	一	一
	剪力墙	三	三	二	二	一	一	
剪力墙结构	高度(m)	≤80	>80	≤80	>80	≤80	>80	≤60
	剪力墙	四	三	三	二	二	一	一
部分框支剪力墙结构	框支层框架	二	二	二	一	一	不应采用	不应采用
	剪力墙	三	二	二	二	一	不应采用	不应采用
筒体结构	框架-核心筒结构 框架	三		二		一		一
	框架-核心筒结构 核心筒	二		二		一		一
	筒中筒结构 内筒	三		二		一		一
	筒中筒结构 外筒	三		二		一		一
单层厂房结构	铰接排架	四		三		二		一

注：1. 丙类建筑应按本地区的设防裂度直接由本表确定抗震等级；其他设防类别的建筑，应按现行国家标准《建筑抗震设计规范》GB 50011—2001 的规定调整设防裂度后，再按本表确定抗震等级。

2. 建筑场地为Ⅰ类时，除6度设防裂度外，应允许按本地区设防裂度降低一度所对应的抗震等级取抗震构造措施，但相应的计算要求不应降低。

3. 框架-剪力墙结构，当按基本振型计算地震作用时，若框架部分承受的地震倾覆力矩大于结构总震倾覆力矩的50%，框架部分应按表中框架结构相应的抗震等级设计。

4. 部分框支剪力墙结构中，剪力墙加强部位以上的一般部位，应按剪力墙结构中的剪力墙确定其震等级。

B.3.3 混凝土结构的环境类别，见表 B-38。

混凝土结构的环境类别　　　　表 B-38

环境类别		条　件
一		室内正常环境
二	a	室内潮湿环境；非严寒和非寒冷地区的露天环境，与无侵蚀性的水或土壤直接接触的环境
	b	严寒和寒冷地区的露天环境，与无侵蚀性的水或土壤直接接触的环境
三		使用除冰盐的环境，严寒和寒冷地区冬季水位变动的环境；滨海室外环境
四		海水环境
五		受人为或自然的侵蚀性物质影响的环境

注：严寒和寒冷地区的划分应符合国家现行标准《民用建筑热工设计规程》JGJ 24 的规定。

B.3.4 结构混凝土耐久性的基本要求，见表 B-39。

结构混凝土耐久性的基本要求　　　表 B-39

环境类别		最大水灰比	最小水泥用量（kg/m³）	最低混凝土强度等级	最大氯离子含量占水泥用量（%）	最大碱含量（kg/m³）
一		0.65	225	C20	1.0	不限制
二	a	0.60	250	C25	0.3	3.0
	b	0.55	275	C30	0.2	3.0
三		0.50	300	C30	0.1	3.0

B.3.5 混凝土保护层。根据《混凝土结构设计规范》GB 50010—2010 的规定，构件中受力钢筋的保护层厚度不应小于钢筋的直径 d。设计使用年限为 50 年的混凝土结构，最外层钢筋的保护层厚度应符合表 B-40 的规定。设计使用年限为 100 年的混凝土结构，最外层钢筋的保护层厚度不应小于表 B-40 规定的 1.4 倍。

混凝土保护层的最小厚度　　　　　表 B-40

环境等级	板、墙、壳厚度（mm）	梁柱
一	15	20
二 a	20	25
二 b	25	35
三 a	30	40
三 b	40	50

注：1. 混凝土强度等级不大于 C25 时，表中保护层厚度数值应增加 5mm。
　　2. 钢筋混凝土基础宜设置混凝土垫层，其受力钢筋的混凝土保护层厚度应从垫层顶面算起，且不应小于 40mm。

B. 4　钢筋长度计算数据

B. 4. 1　钢筋弯钩增加长度

B. 4. 1. 1　HPB300 级钢筋弯钩增加长度，见表 B-41。

HPB300 级钢筋弯钩增加长度　　　　　表 B-41

弯钩类型	图　示	增加长度计算值
半圆弯钩		6.25d
直弯钩		3.5d
斜弯钩		4.9d

注：d 为钢筋直径。

B.4.1.2　HPB300 级钢筋双弯钩（按构件长度）增加长度，见表 B-42。

HPB300 级钢筋双弯钩（按构件长度）增加长度　　表 B-42

钢筋直径 d	保护层厚度（mm）					
	15	20	25	35	45	70
6	45	35	25	5		
8	70	60	50	30	10	
10	95	85	75	55	35	
12	120	110	100	80	60	10
14	145	135	125	105	85	35
16	170	160	150	130	110	60
18	195	185	175	155	135	85
20	220	210	200	180	160	110
22	245	235	225	205	185	135
24	270	260	250	230	210	160

注：双弯钩在构件长度基础上增加长度＝12.5d－两个保护层厚度

B.4.2　弯起钢筋斜长及增加长度

B.4.2.1　弯起钢筋斜长及增加长度计算方法，见表 B-43。

弯起钢筋斜长及增加长度计算方法　　表 B-43

形状			
计算方法　斜边长 s	$2h$	$1.414h$	$1.155h$
计算方法　增加长度 $s-l=\Delta l$	$0.268h$	$0.414h$	$0.577h$

B.4.2.2　适应的构件：梁高、板厚 300mm 以内，弯起角度为 30°；梁高、板厚 300～800mm 之间，弯起角度为 45°；梁高、板厚 800mm 以上，弯起角度为 60°。

B.4.2.3　弯起钢筋弯起部分长度，见表 B-44。

弯起钢筋弯起部分长度（mm）　　　　　　　　表 B-44

弯起高度 H	α=30°			α=45°			α=60°		
	斜长 S	水平长度 L	增加长度 S−L	斜长 S	水平长度 L	增加长度 S−L	斜长 S	水平长度 L	增加长度 S−L
100	199.39	172.50	26.89	141.40	100.00	41.40	115.45	57.70	57.75
150	299.09	258.75	40.34	212.10	150.00	62.10	173.18	86.55	86.63
200	398.78	345.00	53.78	282.80	200.00	82.80	230.90	115.40	115.50
250	498.48	431.25	67.23	353.50	250.00	103.50	288.63	144.25	144.38
300	598.17	517.50	80.67	424.20	300.00	124.20	346.35	173.10	173.25
350	607.87	603.75	94.12	494.90	350.00	144×90	404.08	201.95	202.13
400	797.56	690.00	107.56	565.60	400.00	165.60	461.80	230.80	231.00
450	897.26	776.25	121.01	636.30	450.00	186.30	519.53	259.65	259.88
500	996.95	862.50	134.45	707.00	500.00	207.00	577.25	288.50	288.75
550	1096.65	948.75	147.90	777.70	550.00	227.70	634.98	317.35	317.63
600	1196.31	1035.00	161.34	848.40	600.00	248.40	692.70	346.20	346.50
650	1296.04	1121.25	174.79	919.10	650.00	269.10	750.43	375.05	375.38
700	1395.73	1207.50	188.23	989.80	700.00	289.80	808.15	403.90	404.25
750	1495.43	1293.75	201.68	1060.50	750.00	310.50	865.88	432.75	433.13
800	1595.12	1380.00	215.12	1131.20	800.00	331.20	923.60	461.60	462.00
850	1694.82	1466.25	288.57	1201.90	850.00	351.90	981.33	490.45	490.88
900	1794.51	1552.50	242.01	1272.60	900.00	372.60	1039.05	519.30	519.75
950	1894.21	1638.75	255.46	1343.30	950.00	393.30	1096.78	548.15	548.63
1000	1993.90	1725.00	268.90	1414.00	1000.00	414.00	1154.50	577.00	577.50

B.4.3　钢筋的锚固长度

B.4.3.1　根据《混凝土结构设计规范》GB 50010—2010 的规定，普通光面受拉钢筋锚固长度，见表 B-45。

普通光面受拉钢筋锚固长度　　　　　　　　表 B-45

	普通光面受拉钢筋的锚固长度 l_a（mm）（不含 180°弯钩）									
直径（mm）	混凝土强度等级									
	C15	C20	C25	C30	C35	C40	C45	C50	C55	C60~
6	221	183	158	140	128	117	117	117	117	117
8	295	244	211	187	171	157	157	157	157	157

普通光面受拉钢筋的锚固长度 l_a(mm)（不含 180°弯钩）

直径 (mm)	混凝土强度等级									
	C15	C20	C25	C30	C35	C40	C45	C50	C55	C60～
10	369	305	264	234	214	196	196	196	196	196
12	443	366	317	281	256	235	235	235	235	235
14	516	427	370	328	299	275	275	275	275	275
16	590	488	423	375	342	314	314	314	314	314
18	664	549	476	422	385	353	353	353	353	353
20	738	610	529	469	428	392	392	392	392	392
22	812	672	582	516	470	432	432	432	432	432
25	923	763	661	587	535	491	491	491	491	491
28	1033	855	740	657	599	550	550	550	550	550
直径的倍数	36	30	26	23	21	19	19	19	19	19

注：当混凝土强度等级高于 C40 时，按 C40 取值。

B.4.3.2　根据《混凝土结构设计规范》GB 50010—2010 的规定，普通带肋受拉钢筋锚固长度，见表 B-46。

普通带肋受拉钢筋锚固长度　　　　　**表 B-46**

普通带肋受拉钢筋(HRB335)的锚固长度 l_a(mm)

直径 (mm)	混凝土强度等级									
	C15	C20	C25	C30	C35	C40	C45	C50	C55	C60～
6	193	160	138	123	112	103	103	103	103	103
8	258	213	185	164	149	137	137	137	137	137
10	323	267	231	205	187	171	171	171	171	171
12	387	320	277	246	224	206	206	206	206	206
14	452	374	324	287	262	240	240	240	240	240
16	516	427	370	328	299	275	275	275	275	275
18	581	481	416	370	337	309	309	309	309	309
20	646	534	462	411	374	343	343	343	343	343

续表

普通带肋受拉钢筋(HRB335)的锚固长度 l_a(mm)										
直径(mm)	混凝土强度等级									
	C15	C20	C25	C30	C35	C40	C45	C50	C55	C60～
22	710	588	509	452	411	378	378	378	378	378
25	807	668	578	513	468	429	429	429	429	429
28	904	748	648	575	524	481	481	481	481	481
直径的倍数	32	26	23	20	18	17	17	17	17	17

注：当混凝土强度等级高于C40时，按C40取值。

B.4.3.3 钢筋锚固长度修正系数及最小长度要求。

(1) 直径大于25mm的带肋钢筋锚固长度应乘以修正系数1.1；

(2) 带有环氧树脂涂层的带肋钢筋锚固长度应乘以修正系数1.25；

(3) 施工过程易受扰动的情况，锚固长度应乘以修正系数1.1；

(4) 带肋钢筋在锚固区的混凝土保护层厚度大于钢筋直径的3倍且配有箍筋时，锚固长度可乘以修正系数0.8；

(5) 上述修正系数可以连乘，经修正后实际锚固长度不应小于基本锚固长度的0.7倍，也不应小于250mm；

(6) 采用机械锚固时，其锚固长度可取计算长度的0.7倍，但在锚固长度内必须配有箍筋，其直径不应小于锚固钢筋直径的1/4，间距不大于锚固钢筋直径的5倍，且数量不少于3个；

(7) 受压钢筋的锚固长度取为受拉钢筋锚固长度的0.7倍。

B.4.4 纵向受力钢筋搭接长度

B.4.4.1 根据《混凝土结构工程施工质量验收规范》GB 50204—2010的规定，当纵向受拉钢筋的绑扎搭接接头面积百分率不大于25%时，其最小搭接长度应符合表B-47的规定。

纵向受拉钢筋的最小搭接长度　　　　表 B-47

钢筋类型		混凝土强度等级			
		C15	C20～C25	C30～C35	≥C40
光圆钢筋	HPB235 级	45d	35d	30d	25d
带肋钢筋	HRB335 级	55d	45d	35d	30d
	HRB400 级、HRB400 级	—	55d	40d	35d

注：两根直径不同钢筋的搭接长度，以较细钢筋的直径计算。

B.4.4.2　《混凝土结构设计规范》GB 50010—2010 对于同一连接区段的搭接钢筋接头面积百分率规定如下：

（1）梁类构件限制搭接接头面积百分率不宜大于 25%，因工程需要不得已时可以放宽，但不应大于 50%；

（2）板、墙类构件限制搭接接头面积百分率不宜大于 25%，因工程需要不得已时可以放宽到 50% 或更大；

（3）柱类构件中的受拉钢筋搭接接头面积百分率不宜大于 50%，因工程需要可以放宽。

B.4.4.3　纵向受力钢筋的搭接长度修正系数及最小长度要求

（1）当纵向受拉钢筋的绑扎搭接接头面积百分率大于 25%，但不大于 50% 时，其最小搭接长度应按表 B-47 的数值乘以系数 1.2 取用；当纵向受拉钢筋的绑扎搭接接头面积百分率大于 50% 时，其最小搭接长度应按表 B-47 的数值乘以系数 1.35 取用；

（2）对有抗震设防要求的结构构件，其受力钢筋的最小搭接长度对一、二级抗震等级应按相应数值乘以系数 1.15 采用；对三级抗震等级应按相应数值乘以系数 1.05 采用；

（3）当带肋钢筋的直径大于 25mm 时，其最小搭接长度应按相应数值乘以系数 1.1 取用；

（4）带有环氧树脂涂层的带肋钢筋，其最小搭接长度应按相应数值乘以系数 1.25 取用；

（5）在混凝土凝固过程中受力钢筋易受扰动时（如滑模施工），

其最小搭接长度应按相应数值乘以系数 1.1 取用；

（6）对末端采用机械锚固措施的带肋钢筋，其最小搭接长度应按相应数值乘以系数 0.7 取用；

（7）当带肋钢筋的混凝土保护层厚度大于搭接钢筋直径的 3 倍且配有箍筋时，其最小搭接长度应按相应数值乘以系数 0.8 取用；

（8）纵向受压钢筋搭接时，其最小搭接长度应根据上述规定确定相应数值后，乘以系数 0.7 取用；

（9）在任何情况下，纵向受拉钢筋的搭接长度不应小于 300mm；受压钢筋的搭接长度不应小于 200mm。

B.4.4.4　不宜采用搭接接头的情况

（1）直径大于 28mm 的受拉钢筋和直径大于 32mm 的受压钢筋不宜采用搭接接头；

（2）轴心受拉和小偏心受拉构件不得采用搭接接头。

B.4.4.5　搭接区域的构造措施

（1）搭接长度范围内应配置箍筋，其直径不应小于搭接钢筋较大直径的 1/4。

（2）当钢筋受拉时，箍筋间距不应大于搭接钢筋较小直径的 5 倍，且不应大于 100mm。

（3）当钢筋受压时，箍筋间距不应大于搭接钢筋较小直径的 10 倍，且不应大于 200mm。

（4）当受压钢筋直径大于 25mm 时，应在搭接接头两个端面外 100mm 范围内各设两个箍筋。

B.4.4.6　焊接接头

（1）焊接接头的类型和质量应符合国家相应的标准。

（2）焊接连接区段的范围为以焊接接头为中心 35d 且不小于 500mm 长度的范围。

（3）同一区段内受力钢筋焊接接头面积百分率对受拉构件为 50%，对受压钢筋不受限制。

B.4.4.7　机械连接

（1）新规范新增了机械连接接头的有关规定，反映了技术的进步，机械连接接头的类型和质量应符合国家相应的标准。

（2）焊接连接区段的范围为以焊接接头为中心 $35d$ 长度的范围。

（3）同一区段内受力钢筋机械连接接头面积百分率对受拉构件不宜大于 50%，对受压钢筋不受限制。

（4）机械连接接头的连接件混凝土保护层厚度宜满足纵向受力钢筋最小保护层厚度的要求，连接件之间的横向净间距不宜小于 25mm。

B.4.4.8　钢筋接头系数，见表 B-48。

钢筋接头系数　　表 B-48

钢筋直径(mm)	绑扎接头	对焊接头	电弧焊接头(绑条焊)	每吨接头个数(个)
10	1.0531	—	—	202.60
12	1.0638	—	—	140.80
14	1.0744	1.0035	1.0700	103.30
16	1.0850	1.0040	1.0800	79.10
18	1.0956	1.0045	1.0900	62.50
20	1.1062	1.0050	1.1000	50.60
22	1.1168	1.0055	1.1100	41.90
24	1.1274	1.0060	1.1200	35.20
25	1.1329	1.0063	1.1250	43.30
26	1.1842	1.0087	1.1733	40.00
28	1.1943	1.0093	1.1867	34.50

B.4.4.9　常用钢材理论质量与直径倍数长度数据，见表 B-49。

常用钢材理论质量与直径倍数长度数据　表 B-49

直径 d(mm)	理论质量 (kg/m)	横截面积 (cm²)	直径倍数(mm)									
			3d	6.25d	8d	10d	12.5d	20d	25d	30d	35d	40d
4	0.099	0.126	12	25	32	40	50	80	100	120	140	160
6	0.222	0.283	18	38	48	60	75	120	150	180	210	240
6.5	0.260	0.332	20	41	52	65	81	130	163	195	228	260
8	0.395	0.503	24	50	64	80	100	160	200	240	280	320

续表

直径 d(mm)	理论质量 (kg/m)	横截面积 (cm²)	直径倍数(mm)									
			3d	6.25d	8d	10d	12.5d	20d	25d	30d	35d	40d
9	0.490	0.635	27	57	72	90	113	180	225	270	315	360
10	0.617	0.785	30	63	80	100	125	200	250	300	350	400
12	0.888	1.131	36	75	96	120	150	240	300	360	420	480
14	1.208	1.539	42	88	112	140	175	280	350	420	490	560
16	1.578	2.011	48	100	128	160	200	320	400	480	560	640
18	1.998	2.545	54	113	144	180	225	360	450	540	630	720
19	2.230	2.835	57	119	152	190	238	380	475	570	665	760
20	2.466	3.142	60	125	160	220	250	400	500	600	700	800
22	2.984	3.301	66	138	176	220	275	440	550	660	770	880
24	3.551	4.524	72	150	192	240	300	480	600	720	840	960
25	3.850	4.909	75	157	200	250	313	500	625	750	875	1000
26	4.170	5.309	78	163	208	260	325	520	650	780	910	1040
28	4.830	6.153	84	175	224	280	350	560	700	840	980	1160
30	5.550	7.069	90	188	240	300	375	600	750	900	1050	1200
32	6.310	8.043	96	200	256	320	400	640	800	960	1120	1280
34	7.130	9.079	102	213	272	340	425	680	850	1020	1190	1360
35	7.500	9.620	105	219	280	350	438	700	875	1050	1225	1400
36	7.990	10.179	108	225	288	360	450	720	900	1080	1200	1440
40	9.865	12.561	120	250	320	400	500	800	1000	1220	1400	1600

B.5 钢筋计算常用公式

B.5.1 钢筋理论长度计算公式

钢筋理论长度计算公式，见表 B-50。

钢筋理论长度计算公式 表 B-50

钢筋名称	钢筋简图	计算公式
直筋	———	构件长－两端保护层厚
直钩	⊂	构件长－两端保护层厚＋一个弯钩长度

钢筋名称	钢筋简图	计算公式
板中弯起筋	30°	构件长－两端保护层厚＋2×0.268×（板厚－上下保护层厚）＋两个弯钩长
	 30°	构件长－两端保护层厚＋0.268×（板厚－上下保护层厚）＋一个弯钩长
	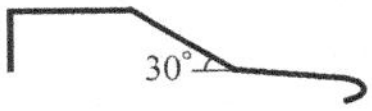 30°	构件长－两端保护层厚＋0.268×（板厚－上下保护层厚）＋（板厚－上下保护层厚）＋一个弯钩长
	30°	构件长－两端保护层厚＋2×0.268×（板厚－上下保护层厚）＋2×（板厚－上下保护层厚）
	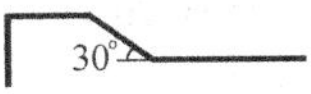 30°	构件长－两端保护层厚＋0.268×（板厚－上下保护层厚）＋（板厚－上下保护层厚）
		构件长－两端保护层厚＋2×（板厚－上下保护层厚）
梁中弯起筋	 45°	构件长－两端保护层厚＋2×0.414×（梁高－上下保护层厚）＋两个弯钩长
	45°	构件长－两端保护层厚＋2×0.414×（梁高－上下保护层厚）＋2×（梁高－上下保护层厚）＋两个弯钩长
	 45°	构件长－两端保护层厚＋0.414×（梁高－上下保护层厚）＋两个弯钩长
	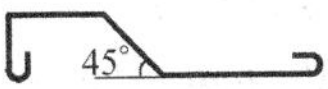 45°	构件长－两端保护层厚＋1.414×（梁高－上下保护层厚）＋两个弯钩长
	 45°	构件长－两端保护层厚＋2×0.414×（梁高－上下保护层厚）＋2×（梁高－上下保护层厚）

注：梁中弯起筋的弯起角度，如果弯起角度为 60°，则上表中系数 0.414 改为 0.577，1.414 改为 1.577。

B.5.2　钢筋接头系数测算公式

钢筋绑扎搭接接头和机械连接接头工程量计算比较麻烦，在实际工作中，可以测定其单位含量，用比例系数法进行计算。例如，钢筋绑扎搭接接头形式有两种，如图 B-1 所示。

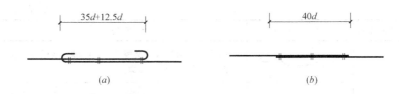

图 B-1 绑扎钢筋搭接接头长度示意图

(a) 光圆钢筋 HPB235 级钢筋 C20 混凝土（有弯钩）；

(b) 带肋钢筋 HRB400 级 C30 混凝土（无弯钩）

当设计要求钢筋长度大于钢筋的定尺长度（单根长度）时，就要按要求计算钢筋的搭接长度。为了简化计算过程，可以用钢筋接头系数的方法计算钢筋的搭接长度，其计算公式如下：

$$钢筋接头系数 = \frac{钢筋单根长}{钢筋单根长 - 接头长}$$

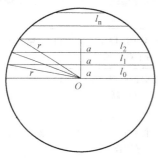

图 B-2 圆内纵向钢筋

布置示意图

B.5.3 圆形板内钢筋计算

圆内钢筋理论长度的计算，可以通过图 B-2 所示钢筋进行分析。

布置在直径上的钢筋长（l_0）就是直径长；相邻直径的钢筋长（l_1）可以根据半径 r 和间距 a 及钢筋一半长构成的直径三角形关系算出，计算式为：$l_1 = \sqrt{r^2 - a^2} \times 2$。因此，圆内钢筋长度的计算公式如下：

$$L_n = 2\sqrt{r^2 - (na)^2} - 两端保护层 + 两端弯钩长度$$

式中　n——第 n 根钢筋；

l_n——第 n 根钢筋长；

r——构件半径；

a——钢筋间距。

B.5.4 箍筋长度计算

B.5.4.1 箍筋种类及弯钩构造

（1）箍筋的种类。柱箍筋分为非复合箍筋（图 B-3）和复合箍筋（图 B-4）两种。

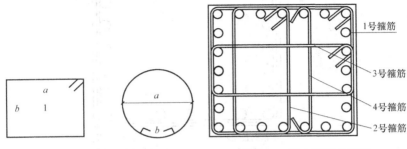

图 B-3　非复合箍筋常见类型图　　**图 B-4**　复合箍筋类型图

（2）梁、柱、剪力墙箍筋和拉筋弯钩构造，如图 B-5 所示。

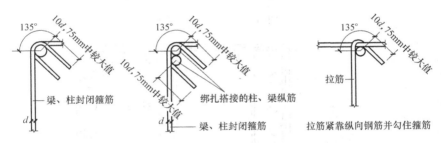

图 B-5　梁、柱、剪力墙箍筋和拉筋弯钩构造

B.5.4.2　柱箍筋长度

复合箍筋是由非复合箍筋组成的。柱复合箍筋如图 B-6 所示，各种箍筋长度计算如下：（以下四个图保护层 bhc 尺寸界线改为构件外边线至箍筋外边线）

1）1 号箍筋类型如图 B-6 所示，长度计算公式为

1 号箍筋长度 $= 2(b+h) - 8bhc - 4d + 2 \times 1.9d + 2\max(10d, 75)$

2）2 号箍筋类型如图 B-7 所示，长度计算公式为

2 号箍筋长度 $= [(b - 2bhc - 2d - D)/(b\ 边纵筋根数 - 1) \times 间距\ j\ 数 + D + d] \times 2 + (h - 2bhc - d) \times 2 + 2 \times 1.9d + 2\max(10d, 75)$

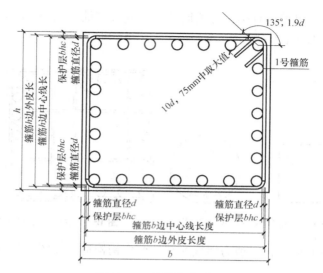

图 B-6   1号箍筋类型图

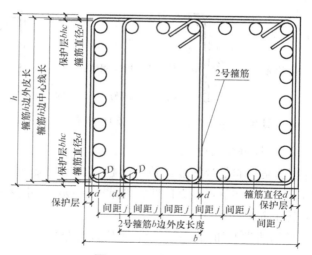

图 B-7   2号箍筋类型图

3）3号箍筋类型如图 B-8 所示，长度计算公式为

3号箍筋长度＝[(h－2bhc－2d－D)/(h 边纵筋根数－1)×间距 j 数
＋D＋d]×2＋(b－2bhc－d)×2＋2×1.9d＋2max(10d,75)

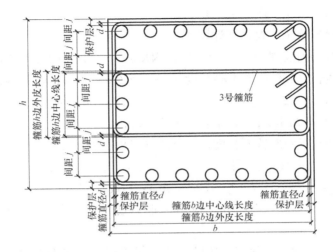

图 B-8　3 号箍筋类型图

4）4 号箍筋类型如图 B-9 所示，长度计算公式为

4 号箍筋长度＝$(h-2bhc-d)+2\times1.9d+2\max(10d,75\text{mm})$

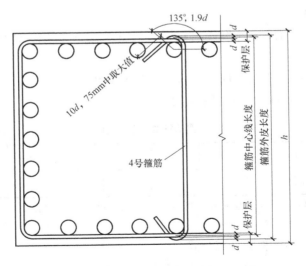

图 B-9　4 号箍筋类型图

B.5.4.3 梁箍筋长度

（1）施工下料长度计算公式。

箍筋内皮周长－3个90°弯钩内皮差（0.288d）＋2个135°弯钩中心线长（135°弯钩中心长度＝$3\pi/4\times(R+d/2)$，弯钩内圆半径$R=2.5d$）＋2个弯钩平直段长度（$10d>75$mm时，平直长度为$10d$，$10d<75$mm时，平直长度为75mm）。

（2）梁双肢箍筋长度计算公式（保护层为25mm）。

$$双肢箍筋长度＝2\times(h-2\times25+b-2\times25)$$
$$-4d+2\times1.9d+2\max(10d,75)$$

（3）为了简化计算，箍筋单根钢筋长度有如下几种算法供参考：

1）按梁、柱截面设计尺寸外围周长计算，弯钩不增加，箍筋保护层也不扣除。

2）按梁、柱截面设计尺寸周长扣减5cm。

3）按梁、柱截面设计尺寸周长扣减8个箍筋保护层后增加箍筋弯钩长度。

4）按梁、柱主筋外表面周长增加0.18m（即箍筋内周长增加0.18m）。

5）按构件断面周长＋ΔL（箍筋增减值）。

梁双肢箍筋长度调整值表，见表B-51所示。

梁箍筋长度调整值　　　　　　　表 B-51

直径 d(mm)	4	6	6.5	8	10	12
箍筋调整值(mm)	−51	−51	−51	−42	2	38

注：由于环境和混凝土强度等级的不同，保护层厚度也不相同，表中保护层按25mm计算。

（4）箍筋根数计算公式

$$箍筋根数＝配置箍筋区间尺寸/箍筋间距＋1$$

（5）构件相交处箍筋配置的一般要求

1）梁与柱相交时，梁的箍筋配置柱侧。

2）梁与梁相交时，次梁箍筋配置主梁梁侧。

3）梁与梁相交梁断面相同时，相交处不设箍筋。

B. 5. 4. 4　变截面构件箍筋计算

如图 B-10 所示，根据比例原理，每根箍筋的长短差数为 Δ，计算公式为

$$\Delta = \frac{l_c - l_d}{n - 1}$$

式中　l_c——箍筋的最大高度；

l_d——箍筋的最小高度；

n——箍筋个数，等于 $s \div a + 1$；

s——最长箍筋和最短箍筋之间的总距离；

a——箍筋间距。

箍筋平均高计算公式：

$$箍筋平均高 = \frac{箍筋最大高度 + 箍筋最小高度}{2}$$

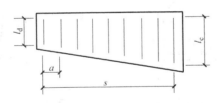

图 B-10　变截面构件箍筋

B. 5. 5　特殊钢筋计算

B. 5. 5. 1　曲线构件钢筋长度计算，见图 B-11。

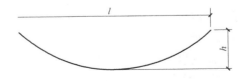

图 B-11　抛物线钢筋长度

抛物线钢筋长度的计算公式：

$$L = \left(1 + \frac{8h^2}{3l^2}\right)l$$

式中　L——抛物线钢筋长度；

l——抛物线水平投影长度；

h——抛物线矢高。

其他曲线状钢筋长度，可用渐近法计算，即分段按直线计算，然后累计。

B.5.5.2　双箍方形内箍，见图 B-12。

内箍长度$= [(B-2b) \times \sqrt{2}/2 + d_0] \times 4 + 2$个弯钩增加长度

式中　b——保护层厚度；

d_0——箍筋直径。

B.5.5.3　三角箍，见图 B-13。

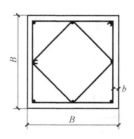

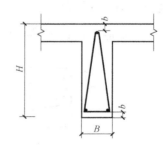

图 B-12　双箍方形内箍　　　图 B-13　三角箍

箍筋长度$= (B-2b-d_0) + \sqrt{4(H-2b+d_0)^2 + (B-2b+d_0)^2} +$
$\qquad\qquad 2$个弯钩增加长度

式中　B——构件宽度；

b——保护层厚度；

d_0——箍筋直径；

H——构件总高度。

B.5.5.4　S 箍（拉条），见图 B-14。

长度$= h + d_0 + 2$个弯钩增加长度

（S 箍筋间距一般为箍筋长度的两倍）

式中 h——两受力钢筋之间外边宽度（构件宽度减两个保护层厚度）；

d_0——箍筋直径。

B. 5.5.5 螺旋箍筋长度计算，见图 B-15、图 B-16。

（1）螺旋箍筋长度计算公式（一）。

$$L=n\times\sqrt{b^2+(\pi d)^2}$$

式中 L——螺旋箍筋长度；

n——螺旋箍筋圈数（$n=H/b$）；

b——螺距；

d——螺旋箍筋中心线直径。

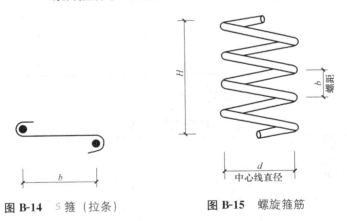

图 B-14　S 箍（拉条）　　　　图 B-15　螺旋箍筋

（2）螺旋箍筋长度计算公式（二）。

$$箍筋长度=N\sqrt{P^2(D-2b+d_0)^2\pi^2}+2个弯钩增加长度$$

式中 N——螺旋圈数，$N=\dfrac{L}{P}$（L 为构件长）；

P——螺距；

D——构件直径；

b——保护层厚度；

d_0——螺旋箍筋直径。

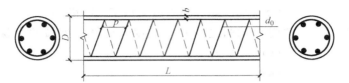

图 B-16 螺旋箍筋

（3）每米圆形柱高螺旋箍筋长度，见表 B-52。

每米圆形柱高螺旋箍筋长度　　　　　表 B-52

螺距(mm)	圆柱直径(mm)						
	400	500	600	700	800	900	1000
	保护层厚度 25mm						
100	11.04	14.17	17.31	20.44	23.58	26.72	29.86
150	6.66	8.53	10.41	12.29	14.17	16.05	17.93
200	5.59	7.14	8.70	10.26	11.82	13.39	14.96
250	4.51	5.74	6.98	8.29	9.48	10.73	11.98
300	3.42	4.34	5.26	6.19	7.16	8.06	9.00

（4）每米高螺旋形箍筋重量，见表 B-53。

每米高螺旋形箍筋重量（kg）　　　　　表 B-53

桩及钢筋直径(mm) 箍筋旋距(mm)	300		400		500		600		700	
	$\phi6$	$\phi8$	$\phi6$	$\phi8$	$\phi6$	$\phi8$	$\phi6$	$\phi8$	$\phi6$	$\phi8$
100	1.758	3.127	2.451	4.361	3.146	5.598	3.842	6.836	4.539	8.076
120	1.470	2.615	2.046	3.641	2.625	4.670	3.204	5.701	3.784	6.733
150	1.183	2.106	1.642	2.922	2.104	3.744	2.567	4.567	3.030	5.392
180	0.994	1.768	1.374	2.445	1.758	3.127	2.143	3.812	2.528	4.498
200	0.900	1.601	1.240	2.207	1.585	2.820	1.931	3.435	2.277	4.052
220	0.823	1.464	1.122	1.996	1.444	2.569	1.758	3.127	2.072	3.688
250	0.732	1.302	1.001	1.728	1.275	2.268	1.550	2.758	1.827	3.250
280	0.661	1.176	0.900	1.601	1.143	2.033	1.388	2.469	1.634	2.908
300	0.622	1.107	0.843	1.501	1.069	1.903	1.298	2.309	1.527	2.717

注：每米螺旋筋重 $=\sqrt{1+\left[\dfrac{\pi(D-50^2)}{b}\right]}\times$ 相应钢筋单重，D 为桩直径，b 为螺距。

（5）每根圆形箍筋重量，见表 B-54。

每根圆形箍筋重量（kg） 表 B-54

桩身直径(mm)	300	350	400	450	500	550	600	650	700
$\phi6$	0.218	0.252	0.287	0.322	0.357	0.392	0.427	0.642	0.497
$\phi8$	0.413	0.475	0.537	0.599	0.661	0.723	0.785	0.847	0.909

注：1. 箍筋重量＝[π×（圆桩直径－保护层）＋两端弯钩长度＋搭接长度]×单位理论重量。
    2. 保护层＝2×2.5mm。
    3. 弯钩长＝12.5d。
    4. 搭接长＝20d。

B.5.6 钢筋工程量计算

B.5.6.1 钢筋计算公式

（1）钢筋混凝土构件纵向钢筋计算公式

钢筋图示用量＝（构件长度－两端保护层＋弯钩长度＋弯起增加长度＋钢筋搭接长度）×线密度（钢筋单位理论质量）

（2）双肢箍筋长度计算公式

箍筋长度＝构件截面周长－8×保护层厚－4×箍筋直径＋2×（1.9d＋10d 或75mm 中较大值）

（3）箍筋根数。箍筋配置范围如图 B-17 所示。

箍筋根数＝配置范围/@＋1

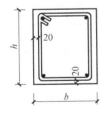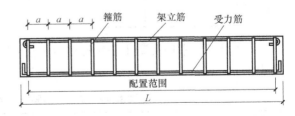

图 B-17 箍筋配置范围示意图

（4）设计无规定时，马凳的材料应比底板钢筋降低一个规格，若底板钢筋规格不同时，按其中规格大的钢筋降低一个规格计算。长度按底板厚度的 2 倍加 200mm 计算，每平方米 1 个，计入钢筋总量。设计无规定时计算公式：

马凳钢筋质量＝(板厚×2＋0.2)×板面积×受撑钢筋次规格的线密度

(5) 墙体拉结筋设计无规定按 $\phi 8$ 钢筋，长度按墙厚加 150mm 计算，每平方米 3 个，计入钢筋总量。设计无规定时计算公式：

墙体拉结 S 钩质量＝(墙厚＋0.15)×(墙面积×3)×0.395

(6) 钢筋单位理论质量：钢筋每米理论质量＝$0.006165 \times d^2$ (d 为钢筋直径)

B.5.6.2 钢筋工程量计算

B.6 平法钢筋工程量计算

B.6.1 平法钢筋工程量计算常用数据

B.6.1.1 常用混凝土平法标注纵向受拉钢筋非抗震基本锚固长度可按表 B-55 计算。

纵向受拉钢筋的基本锚固长度 l_{ab} 表 B-55

	混凝土强度等级	C20	C25	C30	C35	C40	C45	C50	C55	≥C60
钢筋级别	HPB300	39d	34d	30d	28d	25d	24d	23d	22d	21d
	HPB335	38d	33d	29d	27d	25d	23d	22d	21d	21d
	HPB400	—	40d	35d	32d	29d	28d	27d	26d	25d
	HPB500	—	48d	43d	39d	36d	34d	32d	31d	30d

B.6.1.2 常用混凝土平法标注纵向受拉钢筋抗震锚固长度可按表 B-56 计算。

纵向受拉钢筋抗震基本锚固长度 l_{abE} 表 B-56

	混凝土强度等级	C20	C25	C30	C35	C40	C45	C50	C55	≥C60
一、二级抗震等级	HPB300	45d	39d	35d	32d	29d	28d	26d	25d	24d
	HPB335	44d	38d	33d	31d	29d	26d	25d	24d	24d
	HPB400	—	46d	40d	37d	33d	32d	31d	30d	29d
	HPB500	—	55d	49d	45d	41d	39d	37d	36d	35d

续表

混凝土强度等级		C20	C25	C30	C35	C40	C45	C50	C55	≥C60
三级抗震等级	HPB300	41d	36d	32d	29d	26d	25d	24d	23d	22d
	HPB335	40d	35d	31d	28d	26d	24d	23d	22d	22d
	HPB400	—	42d	37d	34d	30d	29d	28d	27d	26d
	HPB500	—	50d	45d	41d	38d	36d	34d	33d	32d

B.6.1.3 纵向受拉钢筋抗震绑扎搭接长度，按锚固长度乘修正系数计算，修正系数见表 B-57。

纵向受拉钢筋抗震绑扎搭接长度修正系数　　表 B-57

纵向钢筋搭接接头面积百分率(%)	≤25	≤50	≤100
修正系数	1.2	1.4	1.6

B.6.2 基础构件平法钢筋工程量计算

B.6.2.1 条形基础钢筋的计算，见图 B-18 所示。

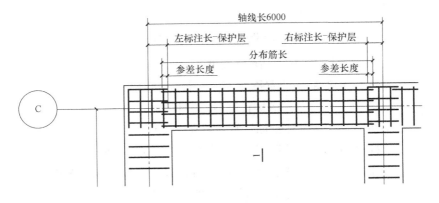

图 B-18 条形基础钢筋

受力筋长度 L＝条基宽度－2×保护层＋2×6.25d(HPB235级)

根数 n＝(条基长度－2×保护层)/布筋间距＋1

分布筋长度＝轴间长度－左右标注长度＋搭接(参接)长度×2(2×300)

B.6.2.2 独立基础的钢筋计算

横向(纵向)受力筋长度＝独基底长(底宽)－2×保护层＋

2×6.25d(HPB235级)

横向(纵向)受力筋根数＝[独基底长(底宽)－2×保护层]/间距＋1

B.6.3 柱构件平法钢筋工程量计算

B.6.3.1 基础部位钢筋计算，见图 B-19 所示。

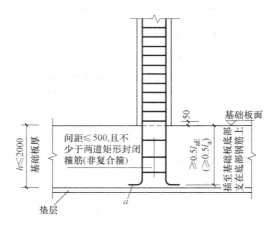

图 B-19 基础部位钢筋

基础插筋 L＝基础高度－保护层＋基础弯折 a(≥150)＋

基础钢筋外露长度 $H_n/3$(H_n 指楼层净高)＋

搭接长度(焊接时为0)

B.6.3.2 首层柱钢筋计算，见图 B-20 所示。

柱纵筋长度＝首层层高－基础柱钢筋外露长度 $H_n/3$＋

本柱层钢筋外露长度 max(≥$H_n/6$,≥500,≥柱截面长

边尺寸)＋搭接长度(焊接时为0)

B.6.3.3 中间柱钢筋计算，见图 B-21 所示。

柱纵筋长 L＝本层层高－下层柱钢筋外露长度 max(≥$H_n/6$,

≥500,≥柱截面长边尺寸)＋本层柱钢筋外露长度 max(≥$H_n/6$,

≥500,≥柱截面长边尺寸)＋搭接长度(焊接时为0)

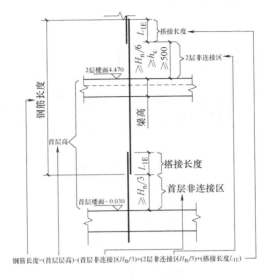

钢筋长度=(首层层高)-(首层非连接区$H_n/3$)+(2层非连接区$H_n/3$)+(搭接长度L_{1E})

图 B-20 首层柱钢筋

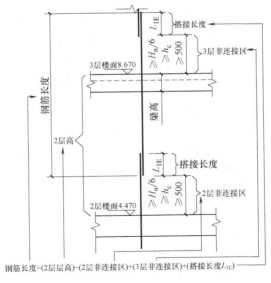

钢筋长度=(2层层高)-(2层非连接区)+(3层非连接区)+(搭接长度L_{1E})

图 B-21 中间柱钢筋

B.6.3.4 顶层柱钢筋计算，见图 B-22 所示。

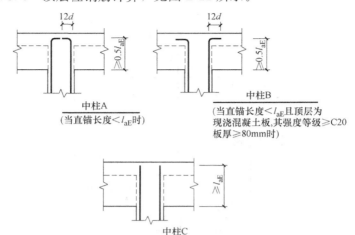

图 B-22 顶层柱钢筋

柱纵筋长 L＝本层层高－下层柱钢筋外露长度 $\max(\geqslant H_n/6$，$\geqslant 500$，$\geqslant$柱截面长边尺寸)－屋顶节点梁高＋锚固长度

B.6.3.5 柱钢筋锚固长度计算，见图 B-23 所示。

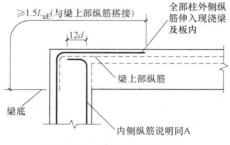

图 B-23 柱钢筋锚固长度

锚固长度确定分为三种：

① 当为中柱时，直锚长度＜L_{aE} 时，锚固长度＝梁高－保护层＋12d；当柱纵筋的直锚长度（即伸入梁内的长度）不小于 L_{aE} 时，锚固长度＝梁高－保护层。

② 当为边柱时，外侧钢筋锚固≥$1.5L_{aE}$，锚固长度＝梁高－保护层＋平直段长度；内侧钢筋锚固同中柱纵筋锚固，计算公式相同。

③ 当为角柱时，角柱钢筋（三个方向）外侧锚固长度，计算公式同边柱外侧钢筋锚固长度；内侧钢筋锚固同中柱纵筋锚固，计算公式相同。

B.6.3.6 柱箍筋计算

（1）柱箍筋根数计算

1）基础层柱箍根数：

基础层柱箍根数＝（基础高度－基础保护层）/间距－1

2）底层柱箍根数：

底层柱箍筋根数 n＝（底层柱根部加密区高度/加密区间距）＋1＋（底层柱上部加密区高度/加密区间距）＋1＋（底层柱中间非加密区高度/非加密区间距）－1

3）楼层或顶层柱箍根数：

楼层或顶层柱箍筋根数 n＝（下部加密区高度＋上部加密区高度)/加密区间距＋2＋（柱中间非加密区高度/非加密区间距）－1

（2）柱非复合箍筋长度计算，如图 B-24 所示，a、b、c、d 为箍筋外围尺寸。

各种非复合箍筋长度计算如下（为了简化计算公式，图中尺寸均已扣除保护层厚度）：

1 号图矩形箍筋长度：

箍筋长 L＝$2×(a+b)-4d+2×$弯钩长

2 号图一字形箍筋长度：

箍筋长 L＝$a-d+2×$弯钩长

3 号图圆形箍筋长度：

箍筋长 L＝$π×(a-d)+$搭接长度 $b+2×$弯钩长

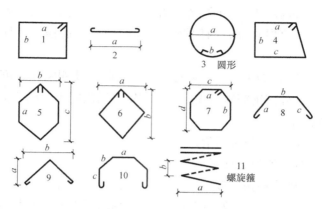

图 B-24 柱非复合箍筋

4 号图梯形箍筋长度：

$$箍筋长 L = a+b+c+\sqrt{(c-a)^2+b^2}-4d+2\times弯钩长$$

5 号图六边形箍筋长度：

$$箍筋长 L = 2\times a+2\times\sqrt{(c-a)^2+b^2}-6d+2\times弯钩长$$

6 号图平行四边形箍筋长度：

$$箍筋长 L = 2\times\sqrt{a^2+b^2}-4d+2\times弯钩长$$

7 号图八边形箍筋长度：

$$箍筋长 L = 2\times(a+b)+2\times\sqrt{(c-a)^2+(d-b)^2}-8d+2\times弯钩长$$

8 号图八字形箍筋长度：

$$箍筋长 L = a+b+c-4d+2\times弯钩长$$

9 号图转角形箍筋长度：

$$箍筋长 L = 2\times\sqrt{a^2+b^2}-3d+2\times弯钩长$$

10 号图门字形箍筋长度：

$$箍筋长 L = a+2(b+c)-6d+2\times弯钩长$$

11 号图螺旋形箍筋长度：

$$箍筋长 L = \sqrt{[3.14\times(a-b)]^2+b^2}\times(柱高/螺距+1)$$

（3）柱复合箍筋长度计算，如图 B-25 所示。

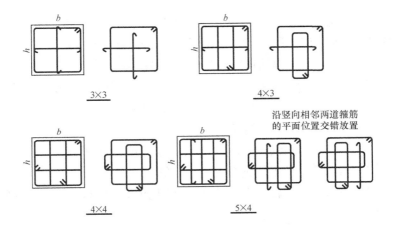

图 B-25　柱复合箍筋

3×3 箍筋长度：

外箍筋长 $L=2×(b+h)-8×$ 保护层 $-4d+2×$ 弯钩长

内一字箍筋长 $L=(h-2×$ 保护层 $-d+2×$ 弯钩长 $)+(b-2×$ 保护层 $-d+2×$ 弯钩长 $)$

4×3 箍筋长度：

外箍筋长 $L=2×(b+h)-8×$ 保护层 $-4d+2×$ 弯钩长

内矩形箍筋长 $L=[(b-2×$ 保护层 $-2d-$ 纵筋直径 $)/3+$ 纵筋直径 $+d+h-2×$ 保护层 $-d]×$ $2+2×$ 弯钩长

内一字箍筋长 $L=b-2×$ 保护层 $-d+2×$ 弯钩长

4×4 箍筋长度：

外箍筋长 $L=2×(b+h)-8×$ 保护层 $-4d+2×$ 弯钩长

内矩形箍筋长 $L_1=[(b-2×$ 保护层 $-2d-$ 纵筋直径 $)/3+$ 纵筋直径 $+$ $d+h-2×$ 保护层 $-d]×2+2×$ 弯钩长

内矩形箍筋长 $L_2=[(h-2×$ 保护层 $-2d-$ 纵筋直径 $)/3+$ 纵筋直径 $+d+b-2×$ 保护层 $-d]×2+2×$ 弯钩长

4×5 箍筋长度：

外箍筋长 $L=2\times(b+h)-8\times$保护层$-4d+2\times$弯钩长

内矩形箍筋长 $L_1=[(b-2\times$保护层$-2d-$纵筋直径$)/4+$

纵筋直径$+d+h-2\times$保护层$-d]\times2+2\times$弯钩长

内矩形箍筋长 $L_2=[(h-2\times$保护层$-2d-$纵筋

直径$)/3+$纵筋直径$+d+b-2\times$保护层$-d]\times2+2\times$弯

钩长

内一字箍筋长 $L=h-2\times$保护层$-d+2\times$弯钩长

B.6.4 梁构件平法钢筋工程量计算

B.6.4.1 在平法楼层框架梁中常见的钢筋形状，见图 B-26
所示。

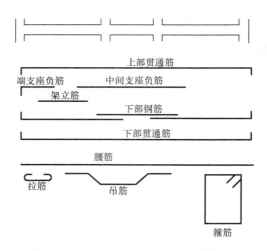

图 B-26 平法楼层框架梁中常见的钢筋形状

B.6.4.2 钢筋长度计算方法

（1）平法楼层框架梁常见的钢筋计算方法有以下几种：

1）上部贯通筋，如图 B-27 所示。

上部贯通筋长度 $L=$构件总长度$-$两端支座（柱）宽度$+$两端
锚固长度$+$搭接长度

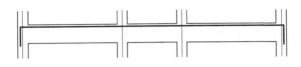

图 B-27　上部贯通筋

锚固长度取值：

A. 当支座宽度－保护层$\geqslant L_{aE}$且$\geqslant 0.5h_c+5d$ 时，锚固长度＝$\max(L_{aE}，0.5h_c+5d)$；

B. 当支座宽度－保护层$< L_{aE}$时，锚固长度＝支座宽度－保护层＋$15d$。

说明：h_c 为柱宽，d 为钢筋直径。

2）端支座负筋，如图 B-28 所示。

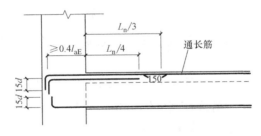

图 B-28　端支座负筋

上排钢筋长 $L = L_n/3+$锚固长度

下排钢筋长 $L = L_n/4+$锚固长度

说明：L_n 为梁净跨长，锚固长度同上部贯通筋。

3）中间支座负筋，如图 B-29 所示。

上排钢筋长度 $L = 1/3$净跨长(相邻两跨净跨长度较大值)$\times$
2＋支座宽度

下排钢筋长度 $L = 1/4$净跨长(相邻两跨净跨长度较大值)$\times$
2＋支座宽度

4）架立筋，如图 B-30 所示。

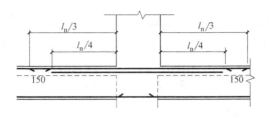

图 B-29 中间支座负筋

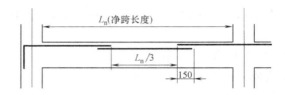

图 B-30 架立筋

架立筋长度 L＝净跨长度－两边负筋净长度＋$150×2$

或

架立筋长 $L=(L_n/3)+2×$搭接长度

搭接长度可按150mm计算。

5）下部钢筋，如图 B-31 所示。

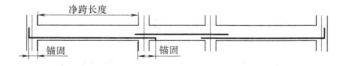

图 B-31 下部钢筋

边跨下部筋长度 L＝边跨净跨长度＋左锚固（L_{aE},$0.4L_{aE}+15d$
较大值）＋右锚固（L_{aE},0.5支座宽$+5d$ 较
大值）＋搭接长度

中间跨下部筋长度 L＝中跨净跨长度＋两端锚固长度（L_{aE},0.5
支座宽$+5d$ 较大值）＋搭接长度

6）下部贯通筋，如图 B-32 所示。

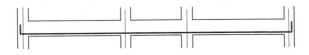

图 B-32　下部贯通筋

下部贯通筋长度 L ＝构件总长度－两端支座（柱）宽度＋两端
锚固长度（L_{aE}，0.5支座宽＋5d 较大值）
＋搭接长度

7）梁侧面钢筋，如图 B-33 所示。

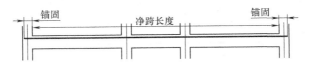

图 B-33　梁侧面钢筋

梁侧面钢筋长度（L）＝构件总长度－两端支座（柱）宽度＋两端
锚固长度＋搭接长度

说明：当为侧面构造钢筋时，搭接与锚固长度为 15d；当为侧
面受扭纵向钢筋时，锚固长度同框架梁下部钢筋。

8）单支箍（拉筋），如图 B-34 所示。

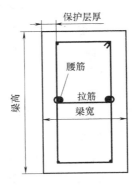

图 B-34　单支箍（拉筋）

$$拉筋长度 L=梁宽-2×保护层+2×11.9d+d$$

拉筋根数 $n=(梁净跨长-2×50)/(筋箍非加密间距×2)+1$

9）吊筋，如图 B-35 所示。

吊筋长度 $L=2×20d(锚固长度)+2×斜段长度+次梁宽度+2×50$

说明：当梁高≤80mm 时，斜段长度＝（梁高－2×保护层）/sin45°

当梁高＞80mm 时，斜段长度＝（梁高－2×保护层）/sin60°

10）箍筋。

双支箍长度计算，如图 B-36 所示。

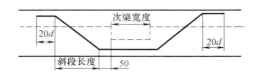

图 B-35 梁内吊筋

箍筋长度 $L=2×(梁高-2×保护层+梁宽-2×保护层)-4d+2×1.9d+2max(10d,75)$

箍筋根数计算，如图 B-37 所示。

箍筋根数 $n=2×[(加密区长度-50)/加密区间距+1]+[(非加密区长度)/非加密区间距-1]$

图 B-36 箍筋

说明：当为一级抗震时，箍筋加密区长度为 max（2×梁高，500）；当为二～四级抗震时，箍筋加密区长度为 max（1.5×梁高，500）。

11）屋面框架梁钢筋，如图 B-38 所示。

屋面框架梁纵筋端部锚固长度 $L=柱宽-保护层+梁高-保护层$

（2）悬臂梁钢筋计算，如图 B-39、图 B-40、图 B-41 所示。

箍筋长度 $L=2×[(H+H_b)/2-2×保护层+挑梁宽-2×保护层]-4d+2×1.9d+2max(10d,75mm)$

箍筋根数 $n=(L-次梁宽-2×50mm)/箍筋间距+1$

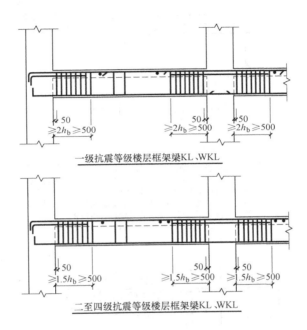

一级抗震等级楼层框架梁KL、WKL

二至四级抗震等级楼层框架梁KL、WKL

图 B-37 箍筋根数

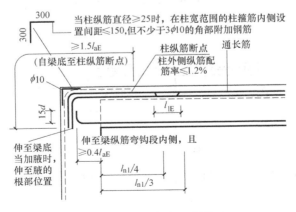

图 B-38 屋面框架梁钢筋

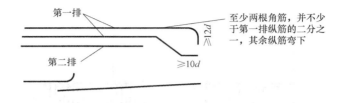

图 B-39 悬臂（挑）梁配筋构造

各类梁的悬挑端配筋构造

注:1.当纯悬挑梁的纵向钢筋直锚长度≥l_a且≥$0.5h_c+5d$时，可不
必上下弯锚，当直锚伸至对边仍不足l_a时，则应按图示弯锚，
当直锚伸至对边仍不足$0.45l_a$时，则应采用较小直径的钢筋。
2.当悬挑梁由屋框架梁延伸出来时，其配筋构造应由设计者补充。
3.当梁的上部设有第三排钢筋时，其延伸长度应由设计者注明。

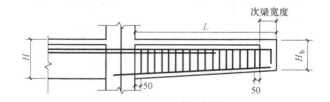

图 B-40 悬臂（挑）梁箍筋

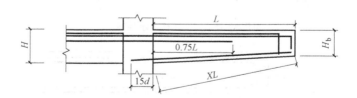

图 B-41 悬臂（挑）梁受力钢筋

上部上排钢筋 $L=L_n/3+$支座宽$+L-$保护层$+H_b-2\times$保护层
$(\geqslant 12d)$

上部下排钢筋 $L=L_n/4+$支座宽$+0.75L$

下部钢筋 $L=15d+XL-$ 保护层

B.6.5　板构件平法钢筋工程量计算

板构件钢筋主要有：受力钢筋（单向或双向，单层或双层）、支座负筋、分布筋、温度筋、附加钢筋（角部附加放射筋、洞口附加钢筋）、马凳筋（又称撑脚钢筋，用于支撑上层钢筋）。

B.6.5.1　板内受力钢筋计算。单跨板平法标注如图 B-42所示。

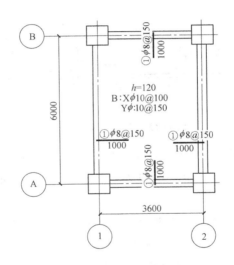

图 B-42　单跨板平法标注

注：1. 未注明分布筋间距为 $\phi8@250$，温度筋为 $\phi8@200$。

2. 原位标注中负筋标注长度尺寸为伸至支座中心线尺寸。

板底受力钢筋长度 $L=$ 板跨净长度＋两端锚固 $\max(1/2$ 梁宽，$5d)+2\times6.25d$（HPB235级）

板底受力钢筋根数 $n=$（板跨净长度-2×50mm）/布置间距＋1

板面受力钢筋长度 $L=$ 板跨净长度＋两端锚固长度

板面受力钢筋根数 $n=$（板跨净长度-2×50mm）/布置间距＋1

说明：板面受力钢筋在端支座的锚固，结合平法和施工实际情况，大致有以下 4 种构造。

① 直接取 L_a。

② $0.4 \times L_a + 15d$。

③ 梁宽＋板厚－2×保护层。

④ 1/2 梁宽＋板厚－2×保护层。

B.6.5.2　板内负筋计算。

（1）中间支座负筋长度计算，如图 B-43 所示。

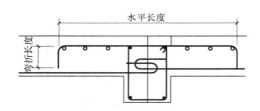

图 B-43　中间支座负筋长度

中间支座负筋长度 L＝水平长度＋弯折长度×2

或　　中间支座负筋长度 L＝左标注长度＋右标注长度＋左弯折长度＋右弯折长度

由于情况不同，弯折长度的计算有以下几种方法：

① 板厚－2×保护层（通常算法）；

② 板厚－保护层（11G101-4）；

③ 支座宽－保护层＋板厚－2×保护层；

④ 伸过支座中心线＋板厚－2×保护层；

⑤ 支座宽－保护层＋板厚－保护层；

⑥ 伸过支座中心线＋板厚－保护层。

（2）端支座负筋长度的计算，如图 B-44 所示。

端支座板负筋长度 L＝弯钩长度＋锚入长度(同板面受力钢筋取值)＋板内净尺寸＋弯折长度

（3）负筋的根数计算

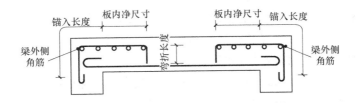

图 B-44 端支座板负筋长度

$$负筋的根数\ n=(布筋范围-2×扣减值)/布筋间距+1$$
$$扣减值=第一根钢筋距梁或墙边50mm$$

B.6.5.3 板内分布筋计算

(1) 负筋的分布筋长度计算，如图 B-45 所示。

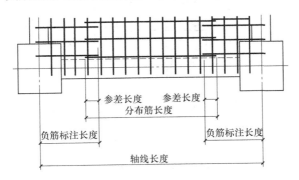

图 B-45 负筋的分布筋长度

$$负筋的分布筋长度\ L=轴线长度-负筋标注长度×2+搭接(参差)长度×2(2×300)$$

(2) 受力钢筋的分布筋长度

$$受力钢筋的分布筋长度\ L=轴线长度$$

(3) 其他受力钢筋的分布筋长度

$$分布筋长度\ L=按照负筋布置范围计算$$

(4) 端支座负筋的分布筋根数计算

$$根数\ n=(负筋板内净长-50)/布筋间距+1$$

（5）中间支座负筋的分布筋的根数计算

根数 n ＝（左侧负筋板内净长－50)/布筋间距＋1＋(右侧负筋
板内净长－50)/布筋间距＋1

B.6.5.4　板内其他钢筋计算

（1）板温度筋。在温度、收缩应力较大的现浇板区域内，应在板的末配筋表面布置温度收缩钢筋，如图 B-46 所示。

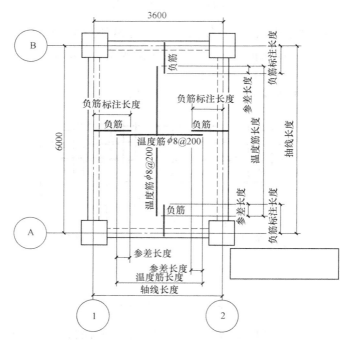

图 B-46　板温度筋

温度筋长度 L ＝轴线长度－负筋标注长度×2＋搭接(参差)长
度×2(2×300)

温度筋根数 n ＝(净跨长度－负筋伸入板内的净长)/温度筋间
距－1

（2）马凳筋。

马凳筋又称撑脚钢筋，是指用于支撑现浇混凝土板或现浇雨篷板中的上部钢筋的铁件。马凳筋常见的有Ⅱ字形和一字形两种。

1）Ⅱ字形马凳筋，如图 B-47 所示。

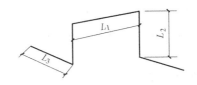

图 B-47 Ⅱ字形马凳筋

Ⅱ字形马凳筋长度 $L=L_1+L_2\times2+L_3\times2$

L_1、L_2、L_3 的长度，设计有规定者按设计规定计算；设计无规定，各段长度可按板厚-2×保护层设计计算，填写现场签证表。

双层双向板马凳筋根数 $n=$ 板净面积/(间距×间距)+1

负筋马凳筋根数 $n=$ 排数×负筋布筋长度/间距+1

2）一字形马凳筋，如图 B-48 所示。

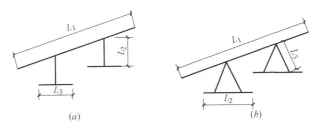

图 B-48 一字形马凳筋

(ɑ) 一字形单腿马凳筋；(b) 一字形双腿马凳筋

一字形单腿马凳筋长度 $L=L_1+L_2\times2+L_3\times2$

一字形双腿马凳筋长度 $L=L_1+L_2\times2+L_3\times4$

一字形马凳筋个数 $n=$ 排数×每排个数

一字形马凳筋设计有规定者按设计规定计算，设计无规定一般可按 L_1 长度为 2000mm，支架间距为 1500mm，L_2 长度为板厚减-2×保护层，L_3 长度为 250mm 设计计算，填写现场签证表。

一字形马凳筋多用于钢筋混凝土筏板内,实际使用哪种类型马凳筋,钢筋规格是多少,应根据工程实际需要确定,如果基础底板厚度大于 800mm 时应采用角钢作支架。

(3) 板洞加筋。板洞加筋是指矩形洞边长和圆洞直径大于 300mm,但不大于 1000mm 时补强构造钢筋。

1) 矩形洞口

矩形洞口附加钢筋长度 L=洞口边长+$2\times L_{aE}$+$2\times$钩长

矩形洞口附加钢筋根数 n=给定的根数

2) 圆形洞口

圆形洞口附加直筋长度 L=洞口直径+$2\times L_{aE}$+$2\times$钩长

圆形洞口附加圆筋长度 L=洞口周长+搭接长度+$2\times$钩长

圆形洞口附加钢筋根数 n=给定的根数

(4) 板角放射筋。板角放射筋是指在板角处钢筋薄弱区域内配置放射状的构造钢筋。

板角放射筋长度 L=给定的长度

板角放射筋根数 n=给定的根数

B.6.6 剪力墙构件平法钢筋工程量计算

B.6.6.1 剪力墙钢筋计算特点

剪力墙是钢筋工程量中计算最难计算的构件,具体体现在:

(1) 剪力墙包括墙身、墙梁、墙柱、洞口,必须考虑它们之间的关系;

(2) 剪力墙在平面上有直角、丁字角、十字角、斜交角等各种转角形式;

(3) 剪力墙在立面上有各种洞口;

(4) 墙身钢筋可能有单排、双排、多排,且可能每排钢筋不同;

(5) 墙柱有各种箍筋组合;

(6) 连梁要区分顶层与中间层,依据洞口的位置不同还有不同的计算方法需要计算的工程量。

B.6.6.2　剪力墙墙身水平钢筋

（1）墙端为暗柱时：

1）外侧钢筋连续通过，如图 B-49 所示。

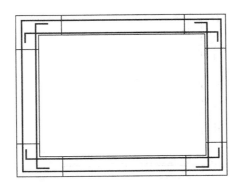

图 B-49　墙端为暗柱，外侧钢筋连续通过

外侧钢筋长度 L＝墙身长度－保护层×2

内侧钢筋长度 L＝墙身长度－保护层×2＋弯折长度×2

2）外侧钢筋不连续通过，如图 B-50 所示。

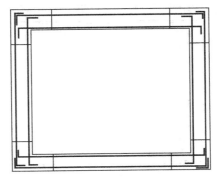

图 B-50　墙端为暗柱，外侧钢筋不连续通过

外侧钢筋长度 L＝墙身长度－保护层×2＋$0.65L_{aE}$×2

内侧钢筋长度 L＝墙身长度－保护层×2＋弯折长度×2

水平钢筋根数 n ＝层高/间距＋1(暗梁、连续墙身水平筋照设)

（2）墙端为端柱时：

1）外侧钢筋连续通过，如图 B-51 所示。

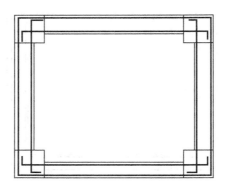

图 B-51 墙端为端柱，外侧钢筋连续通过

外侧钢筋长度 L ＝墙身长度－保护层×2

内侧钢筋长度 L ＝墙身净长度＋锚固长度(弯锚、直锚)×2

2）外侧钢筋不连续通过，如图 B-52 所示。

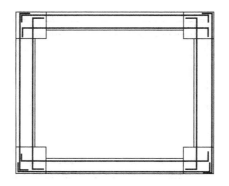

图 B-52 墙端为端柱，外侧钢筋连续通过

外侧钢筋长度 L ＝墙身长度-保护层×2＋$0.65L_{aE}$

内侧钢筋长度 L ＝墙身净长度＋锚固长度(弯锚、直锚)×2

水平钢筋根数 n ＝层高/间距＋1（暗梁、连续墙身水平筋照设）

注意：如果剪力墙存在多排垂直筋和水平钢筋时，其中间水平钢筋在拐角处的锚固措施同该墙的内侧水平筋的锚固构造。

（3）剪力墙墙身有洞口时，墙身水平筋在洞口左右两边截断，分别向下弯折 $15d$。

B.6.6.3　剪力墙墙身竖向钢筋

（1）首层墙身纵筋，如图 B-53 所示。

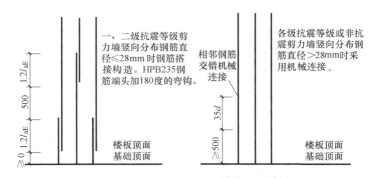

图 B-53　纵向钢筋连接构造

首层墙身纵筋长度 L ＝基础插筋＋首层层高＋伸入上层的搭接长度

（2）中间层墙身纵筋，如图 B-54 所示。

中间层墙身纵筋长度 L ＝本层层高＋伸入上层的搭接长度

（3）顶层墙身纵筋，如图 B-55 所示。

顶层墙身纵筋长度 L ＝层净高＋顶层锚固长度

墙身竖向钢筋根数＝墙净长/间距＋1（墙身竖向钢筋从暗柱、端柱边50mm 开始布置）

（4）剪力墙墙身有洞口时，墙身竖向筋在洞口上下两边截断，分别横向弯折 $15d$。

B.6.6.4　墙身拉筋

墙身拉筋长度 L ＝墙厚－保护层×2－d＋弯钩$(11.9d×2)$

墙身拉筋根数 n ＝墙净面积/拉筋的布置面积

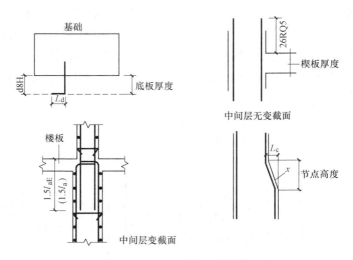

图 B-54 纵向钢筋连接构造

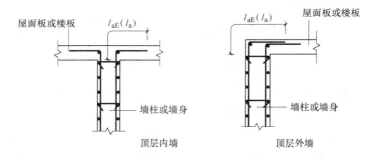

图 B-55 纵向钢筋连接构造

注：墙净面积是指要扣除暗（端）柱、暗（连）梁，即墙面积＝门洞总面积－暗柱剖面积。暗梁面积；拉筋的布置面积是指其横向间距×竖向间距。

B.6.6.5　剪力墙墙柱

（1）纵筋长度计算

首层墙柱纵筋长度 L＝基础插筋＋首层层高＋伸入上层的搭接长度

中间层墙柱纵筋长度 L＝本层层高＋伸入上层的搭接长度

顶层墙柱纵筋长度 L＝层净高＋顶层锚固长度

注意：如果是端柱，顶层锚固要区分边、中、角柱，要区分外侧钢筋和内侧钢筋。因为端柱可以看作是框架柱，所以其锚固也与框架柱相同。

（2）箍筋。依据设计图纸自由组合计算。

B.6.6.6 剪力墙墙梁

（1）连梁

1）受力主筋

顶层连梁主筋长度 $L=$ 洞口宽度 $+$ 左右两边锚固值 L_{aE}

中间层连梁纵筋长度 $L=$ 洞口宽度 $+$ 左右两边锚固值 L_{aE}

2）箍筋

顶层连梁，纵筋长度范围内均布置箍筋，即：

$$n=[(L_{aE}-100)/150+1]\times2+(洞口宽-50\times2)/间距+1(顶层)$$

中间层连梁，洞口范围内布置箍筋，洞口两边再各一根，即

$$n=(洞口宽-50\times2)/间距+1(中间层)$$

（2）暗梁

① 主筋长度 $=$ 暗梁净长 $+$ 两端锚固长度

② 箍筋长度 $L=2\times(梁高-2\times保护层+梁宽-2\times保护层)-4d+2\times1.9d+2\max(10d,75)$

附录 C 工程造价指标

C.1 建筑面积主要指标

C.1.1 一般单层装配车间（厂房）主要工程量指标，见表 C-1。

一般单层装配车间（厂房）每 $1m^2$ 建筑面积主要工程量指标

表 C-1

序	名称	单位	范围	综合
1	基础垫层	m^3	0.05～0.10	0.07
2	杯口基础	m^3	0.15～0.25	0.16

续表

序	名称	单位	范围	综合
3	柱	m³	0.02～0.05	0.03
4	吊车梁	m³	0.02～0.05	0.025
5	屋架（梁）	m³	0.02～0.04	0.03
6	屋面大板	m³	0.05～0.06	0.055
7	金属结构	kg	5～10	6.5
8	预埋铁件	kg	1.5～7.5	3.0
9	砌体	m³	0.2～0.35	0.25
10	圈梁	m³	0.01～0.03	0.025
11	地坪	m³	0.1～0.3	0.15
12	地面	m²	0.89～0.96	0.90
13	内外墙装饰	m²	2.5～3.5	3.0
14	门窗	m²	0.15～0.30	0.27
15	顶棚	m²	0.90～0.95	0.92
16	屋面	m²	1.05～1.20	1.10

注：车间建筑特征为杯口基础、预制混凝土柱、吊车梁、屋架（含薄腹屋面梁）、大型屋面板、砖墙、混合砂浆抹灰、钢窗、油毡防水屋面。

C.1.2 一般多层轻工车间（厂房）主要工程量指标，见表 C-2。

一般多层轻工车间（厂房）每100m² 建筑面积主要工程量指标

表 C-2

序号	项　目	单位	框架结构 (3～5层)	砖混结构 (2～4层)
1	基础(钢筋混凝土、砖、毛石等)	m³	14～20	16～25
2	外墙($1～1\frac{1}{2}$砖)	m³	10～12	15～25
3	内墙(1砖)	m³	7～15	12～20
4	钢筋混凝土(现浇、预制)	m³	19～31	18～25
5	门(木)	m²	4～8	6～10
6	窗(钢)	m²	20～24	17～25
7	屋面(卷材)	m²	20～30	25～50

续表

序号	项　　目	单位	框架结构 (3～5 层)	砖混结构 (2～4 层)
8	楼地面	m²	88～94	88～94
9	内粉刷	m²	155～210	200～220
10	外粉刷	m²	60～100	90～110
11	顶棚	m²	88～94	88～94

C.1.3　多层民用住宅主要工程量指标，见表 C-3。

多层民用住宅每 1m² 建筑面积主要工程量指标　　表 C-3

序	名称	单位	范围	综合
1	挖土	m³	0.30～0.60	0.45
2	砌体	m³	0.35～0.46	0.40
3	现浇混凝土	m³	(0.13～0.23)	(0.15)
(1)	基础(无桩)	m³	0.025～0.035	0.03
(2)	基础垫层	m³	0.010～0.025	0.012
(3)	圈梁	m³	0.025～0.035	0.03
(4)	梁	m³	0.01～0.015	0.013
(5)	有梁板	m³	0.015～0.045	0.02
(6)	构造柱	m³	0.025～0.04	0.034
(7)	平板	m³	0.004～0.010	0.007
(8)	地坪垫层	m³	0.010～0.015	0.013
(9)	散水坡	m²	0.002～0.005	0.004
(10)	其他	m³	0.001～0.005	0.003
4	预制混凝土	m³	(0.049～0.118)	(0.08)
(1)	预应力空心板	m³	0.035～0.065	0.060
(2)	梯、过梁	m³	0.005～0.010	0.007
(3)	屋面隔热板	m³	0.004～0.008	0.006
(4)	其他	m³	0.005～0.040	0.010
5	砖墙垃结筋	kg	0.40～1.50	1.10

序	名称	单位	范围	综合
6	楼板锚固筋	kg	0.30~0.50	0.40
7	预埋铁件	kg	0.10~0.70	0.20
8	门	m²	0.10~0.25	0.20
9	窗	m²	0.08~0.20	0.10
10	室内装饰	m²	(3.75~5.28)	(4.50)
(1)	顶棚(含阳台)	m²	0.90~1.00	0.95
(2)	整体墙面	m²	1.50~2.50	2.00
(3)	厨、卫墙面	m²	0.45~0.60	0.50
(4)	整体地面	m²	0.70~0.80	0.75
(5)	厨、卫地面	m²	0.06~0.15	0.10
(6)	楼梯地面	m²	0.04~0.08	0.045
(7)	踢脚线	m²	0.10~0.15	0.13
11	外墙装饰	m²	(1.01~1.47)	(1.10)
(1)	整条墙面	m²	0.85~1.00	0.95
(2)	勒脚	m²	0.02~0.04	0.03
(3)	阳台	m²	0.10~0.35	0.15
(4)	其他	m²	0.04~0.08	0.05
12	屋面	m²	0.15~0.25	0.20
13	金属结构	kg	0.40~0.70	0.55
14	楼梯长度	m	0.02~0.04	0.03

C.1.4 高层民用住宅主要工程量指标，见表 C-4。

高层（14 层以上）民用住宅每 1m² 建筑面积主要工程量指标

表 C-4

序	名称	单位	范围	综合	注明
1	混凝土				
(1)	基 础	m³	0.05~0.15	0.08	未含桩基
(2)	梁	m³	0.002~0.040	0.01	

序	名称	单位	范围	综合	注明
(3)	板	m³	0.07~0.15	0.10	
(4)	墙	m³	0.21~0.35	0.25	
(5)	其他	m³	0.02~0.10	0.05	含柱等
	综合	m³	0.40~0.55	0.49	
2	门窗	m²	0.27~0.35	0.30	未含玻璃幕墙
3	楼地面	m²	0.80~1.00	0.90	
4	顶棚	m²	0.80~0.95	0.87	
5	屋面	m²	0.03~0.08	—	楼层不同,变化较大
6	内装饰	m²	2.00~3.20	2.70	
7	外装饰	m²	0.55~1.20	0.70	

C.2 建筑工程主要工程量指标

C.2.1 工业建筑工程量指标

C.2.1.3 轻钢结构每 1m² 屋盖水平投影面积钢材用量指标,见表 C-5。

轻钢结构每 1m² 屋盖水平投影面积钢材用量指标   表 C-5

名称	跨度 (m)	檐高(m) 或屋面坡度	柱距 (m)	用钢量 (kg/m²)
(1)门式刚架 ①无吊车	8	5~6	4~6	9~12
	12	4~6	6	5~9
	15	4~7	5~6	4~8
	18	4~6	6	6~11
	21	5~6	12	7
	24	6	5	11
	27	6	5	13
②有吊车 (1~2)t	12	6	4~6	9~16
	15	4~6	4~6	11~13
	18	6	6	11~15
	18	9~12	6	26~28
	27	6	5	14~18

续表

名称	跨度 （m）	檐高（m） 或屋面坡度	柱距 （m）	用钢量 （kg/m²）
(2)芬克式屋架	6～9	1∶2～1∶3	3～6	2～4
	10～18	1∶2～1∶3	3～6	3～6
	24	1∶3	6	7～9
(3)三角形屋架	12～18	1∶1.5～1∶3	3～6	4～8
(4)三角拱屋架	9～18	1∶2.5～1∶4	3～6	4～6
(5)棱形屋架	8～15	1∶10～1∶14	3～6	7～14
	15～18	1∶3	6	2～3
	24	1∶5	12	4～6
(6)梯形屋架	21～24	1∶4～1∶5	6～12	4～6
(7)檩条	（檩条跨度）		（间距）	
Z字形	4～6	—	0.80～1.10	3.5～4.5
格架式	4～6	—	≤1.00	8～12
	4～6	—	＞1.00	4.5～6

C.2.2 民用建筑工程量指标

C.2.2.3 现浇混凝土构件钢筋含量参考表，见表C-6。

现浇混凝土构件钢筋含量参考表　　表 C-6

分项工程名称	钢筋含量 （kg/m³）	分项工程名称	钢筋含量 （kg/m³）
有梁式带形基础	70	设备基础	33
无梁式带形基础	70	基础梁	100
独立基础	40	柱（周长1.8m以内）	120～230
杯形基础	30	柱（周长1.8m以外）	140～210
有梁式满堂基础	115	圆形柱	150
无梁式满堂基础	80	构造柱、圈过梁	150～220
桩承台	75	预制柱接头	35
矩形梁	150～220	有梁板、平板	80～140
异形梁	150～220	无梁板	100～120
迭合梁	60	挑檐、天沟	100
地下室墙	80	楼梯	60
墙（20cm以内）	100～130	雨篷	90
墙（20cm以上）	90	阳台	100
大模板墙	35	地沟、零星构件	90

注：使用表中数据时不再另加损耗率。

C.2.2.4 现浇混凝土构件混凝土模板含量参考表，见表 C-7。

现浇混凝土构件每 10m³ 混凝土模板含量参考表　　表 C-7

项目名称		参考 （m²）	项目名称		参考 （m²）
现浇混凝土模板					
桩承台	独立	15.22	毛石混凝土墙		34.80
	带形	8.23	混凝土墙		64.99
带形 基础	无梁式毛石混凝土	13.40	电梯井壁		109.96
	无梁式混凝土	11.46	弧形混凝土墙		97.40
	有梁式毛石混凝土	21.56	大钢模板墙		72.19
独立基础	毛石混凝土	17.08	轻型框架墙		104.88
	混凝土	19.10	有梁板		62.64
满堂基础	无梁式	0.93	无梁板		47.16
	有梁式	3.05	拱板		80.44
杯形基础		32.22	斜板		108.45
设备基础		9.25	楼梯 （10m²）	直形无斜梁	17.41
矩形柱		92.40		直形有斜梁	24.00
圆形柱		57.43		旋转无梁	18.95
异形柱		97.09		旋转有梁	22.46
构造柱		76.39		踏步板每增 10m²	0.08
升板柱帽		49.65	阳台 （10m²）	板式	11.37
基础梁		86.29		有梁式	17.21
单梁、连续梁		103.98	悬挑板（10m²）		12.86
异形梁		97.09	板式雨篷（10m²）		15.43
圈梁		58.64	暖气沟、电缆沟		93.34
过梁		119.04	扶手、压顶		314.40
弧、拱形梁		96.28			
门框		72.96	后浇带	梁	113.18
框架柱接头		137.37		板	73.47
小型构件		297.98		墙厚 300mm 以内	106.63
挑檐、天沟		133.81		墙厚 300mm 以外	48.00
台阶		47.14		基础底板	6.10
压顶		106.07			
小型池槽		323.33			

C.2.2.5 构筑物混凝土模板接触面积参考表，见表 C-8。

构筑物每 1m³ 混凝土模板接触面积参考表 表 C-8

序号	项目		单位	模板接触面积（m²）	序号	项目		单位	模板接触面积（m²）
1	水塔	塔身 筒式	m³	15.974	11	贮水油池	池壁 圆形	m³	11.641
2		塔身 挂式	m³	11.534	12		池盖 无梁盖	m³	3.249
3		水箱 内壁	m³	14.205	13		池盖 肋形盖	m³	1.110
4		水箱 外壁	m³	11.976	14		无梁盖柱	m³	8.787
5		塔顶	m³	7.407	15		沉淀池水槽	m³	21.097
6		塔底	m³	5.692	16		沉淀池壁基梁	m³	4.299
7		回廊及平台	m³	9.259	17	贮仓	圆形 顶板	m³	7.353
8	贮水池	平底	m³	0.202	18		圆形 底板	m³	2.580
9		坡底	m³	0.930	19		圆形 立壁	m³	0.917
10		矩形	m³	10.050	20		矩形壁	m³	5.184

C.3 建筑工程主要材料消耗量指标

C.3.1 工业建筑材料消耗量指标

C.3.1.1 各类结构工业厂房主要材料消耗量指标，见表 C-9。

各类结构工业厂房每 100m² 建筑面积主要材料消耗量指标

表 C-9

序号	名称	单位	单层工业厂房	多层厂房 框架 3～5 层	多层厂房 砖混 2～4 层	钢结构混凝土
1	水泥	t	17～22	22～26	15～20	57～62
2	钢筋	t	2～2.5	3～5	2～3.6	11.5～12.5
3	型钢（含铁件）	t	0.4～1	0.1～0.2	0.1～0.15	19.5～20.5
4	板方材	m³	0.6～1	0.8～1.2	2～2.4	30～32
5	红机砖	千块	20～25	10～20	16～24	2.2～2.4
6	石灰	t	2～2.5	1.5～2	1.6～2.6	—
7	砂子	t	40～70	50～80	60～72	170～175
8	石子	t	60～100	70～80	40～50	260～265
9	玻璃	m²	28～30	22～26	24～30	—

注：抗震烈度为 7 度。

C.3.1.2　一般单层装配车间（厂房）主要材料指标，见表 C-10。

一般单层装配车间（厂房）每 1m² 建筑面积主要材料指标

表 C-10

序	名称	单位	范围	综合
1	钢材	kg	44～58	50
2	锯材	m³	0.010～0.040	0.015
3	水泥	kg	170～280	210
4	标砖	匹	130～200	150
5	石灰	kg	20～70	30
6	砂	m³	0.25～0.4	0.35
7	石子	m³	0.35～0.55	0.45
8	玻璃	m²	0.20～0.45	0.30
9	油毡	m²	1.30～3.50	2.50
10	石油沥青	kg	1～10	6
11	电焊条	kg	0.20～0.40	0.30
12	油漆	kg	0.10～0.40	0.15
13	24 号薄钢板	m²	0.02～0.05	0.04

注：车间建筑特征为杯口基础、预制混凝土柱、吊车梁、屋架（含薄腹屋面梁）、大型屋面板、砖墙、混合砂浆抹灰、钢窗、油毡防水屋面。

C.3.2　民用建筑材料消耗量指标

C.3.2.1　多层民用住宅主要材料指标，见表 C-11。

多层民用住宅每 1m² 建筑面积主要材料指标　　表 C-11

序	名称	单位	范围	综合
1	钢材	kg	(21.10～35.10)	(26.00)
(1)	钢筋	kg	18～30	22
(2)	型钢	kg	0.60～1.10	0.75
(3)	作业用料(摊)	kg	2.50～4.00	3.50
2	水泥	kg	170～230	200
3	木材(锯)	m³	(0.011～0.018)	(0.013)
(1)	工程用料	m³	0.004～0.006	0.005
(2)	作业用料	m³	0.007～0.012	0.008
4	标准砖	匹	190～250	210

续表

序	名称	单位	范围	综合
5	砂	m³	0.25～0.40	0.32
6	石子	m³	0.20～0.35	0.27
7	石灰膏	m³	0.01～0.03	0.02
8	玻璃	m²	0.15～0.25	0.20
9	落水管	m	0.015～0.025	0.02

注：采用木门钢窗。

C.3.2.2　高层民用住宅主要材料指标，见表C-12。

高层（14层以上）民用住宅每1m² 建筑面积主要材料指标

表 C-12

序	名称	单位	范围	综合	注明
1	水泥	kg	230～340	280	
2	钢筋	kg	52～83	63	
3	木材（锯）	m³	0.01～0.035	0.02	
4	砂	m³	0.30～0.38	0.33	0.48～0.60t,综合 0.53t
5	石子	m³	0.30～0.45	0.36	0.50～0.75t,综合 0.59t
6	玻璃	m²	0.12～0.35	0.20	

C.3.2.3　带地下室现浇混凝土框架结构钢筋、水泥、木材指标，见表C-13。

带地下室现浇混凝土框架结构每1m² 钢筋、水泥、木材指标

表 C-13

序	名称	单位	6～8 层		18～40 层		备注
			范围	综合	范围	综合	
1	钢材	kg	55～90	75	75～130	105	
	其中:钢筋	kg	52～85	70	60～120	90	
2	水泥	kg	290～380	270	220～450	350	
3	锯材	m³	0.01～0.02	0.015	0.015～0.05	0.025	

注：结构形式为0～3层地下室（6～8层为0～2层，18～40层为1～3层），全现浇柱、梁、板、梯。

C.3.2.4　砂浆和混凝土材料用量指标

（1）水泥砂浆配合比选用。水泥砂浆材料用量，见表 C-14。

每 1m³ 水泥砂浆材料用量 　　　　　表 C-14

强度等级	每立方米砂浆 水泥用量（kg）	每立方米砂子 用量（kg）	每立方米砂浆 用水量（kg）
M2.5～M5	200～230		
M7.5～M10	220～280	1m³ 砂子的堆积密度值	270～330
M15	280～340		
M20	340～400		

注：此表水泥强度等级为 32.5 级，大于 32.5 级水泥用量宜取下限。

（2）普通混凝土最大水灰比和最小水泥用量，见表 C-15。

普通混凝土最大水灰比和最小水泥用量 　　表 C-15

项次	环境条件		结构物类别	最大水灰比值		最小水泥用量 （kg/m³）	
				素混凝土	钢筋混凝土	素混凝土	钢筋混凝土
1	干燥环境		正常的居住或办公用房屋内	不作规定	0.65 (0.60)	200	260 (300)
2	潮湿环境	无冻害	高湿度的室内 室外部件 在非侵蚀性土和（或）水中部件	0.7	0.6 (0.60)	225	280 (300)
		有冻害	经受冻害的室外部件 在非侵蚀性土和（或）水中且经受冻害的部件 高湿度且经受冻害中的室内部件	0.55	0.55 (0.55)	250	280 (300)
3	有冻害和除冰剂的潮湿环境		经受冻害和除冰剂作用的室内和室外部件	0.50	0.50 (0.50)	300	300 (300)

C.3.2.5　木结构材料用量指标

（1）圆方木檩条竣工木料及铁件用量参考，见表 C-16。

圆方木檩条竣工木料及铁件用量参考　　　表 C-16

木檩条	圆木檩条		方木檩条	
	檩上铺屋面板	檩上安椽子	檩上铺屋面板	檩上安石棉瓦
	每 100m² 屋面竣工木料（m³）			
	1.60	1.45	1.50	1.30

（2）每 100m² 屋面檩条木材用量参考，见表 C-17。

每 100m² 屋面檩条木材用量参考（m³）　　　表 C-17

跨度/m	第 1m² 屋面木基层荷载（N）									
	1000		1500		2000		2500		3000	
	方木	圆木	方木	圆木	方木	圆木	方木	圆木	方木	圆木
2.0	0.68	1.00	0.77	1.13	0.86	1.26	1.11	1.63	1.35	1.93
2.5	0.69	1.16	1.03	1.51	1.27	1.87	1.61	2.37	1.94	1.85
3.0	1.01	1.48	1.26	1.88	1.55	2.28	2.00	2.94	2.44	3.59
3.5	1.28	1.88	1.59	2.34	1.90	2.79	2.44	3.59	2.98	4.38
4.0	1.55	2.28	1.90	2.79	2.25	3.31	2.89	—	3.52	—
4.5	1.81	—	2.20	—	2.56	—	3.31	—	4.03	—
5.0	2.06	—	2.49	—	2.92	—	3.73	—	4.53	—
5.5	2.36	—	2.86	—	3.35	—	4.27	—	5.19	—
6.0	2.65	—	3.21	—	3.77	—	4.31	—	5.85	—

（3）每 100m² 屋面椽条木材用量参考，见表 C-18。

每 100m² 屋面椽条木材用量参考　　　表 C-18

名称	椽条断面尺寸（cm）	断面面积（cm²）	椽条间距（cm）					
			25	30	35	40	45	50
方椽	4×6	24	1.10	0.91	0.78	0.69	—	—
	5×6	30	1.37	1.14	0.98	0.86	—	—
	6×6	36	1.66	1.38	1.18	1.03	—	—
	5×7	35	1.61	1.33	1.14	1.00	0.89	0.81
	6×7	42	1.92	1.60	1.47	1.20	1.06	0.96
	5×8	40	1.83	1.52	1.31	1.14	1.01	0.92
	6×8	48	2.19	1.92	1.56	1.37	1.22	1.10
	6×9	54	2.47	2.05	1.76	1.54	1.37	1.24
	6×10	60	2.74	2.28	1.96	1.72	1.52	1.37

续表

名称	椽条断面尺寸(cm)	断面面积(cm²)	椽条间距(cm)					
			25	30	35	40	45	50
圆椽	φ6		1.64	1.37	1.18	1.02	0.92	0.82
	φ7		2.16	1.82	1.56	1.37	1.32	1.08
	φ8		2.69	2.26	1.94	1.70	1.52	1.35
	φ9		3.38	2.84	2.44	2.14	1.90	1.69
	φ10		4.05	3.41	2.93	2.57	2.29	2.02

C.3.2.6　钢结构材料用量指标

（1）每榀钢屋架钢材用量参考，见表 C-19。

每榀钢屋架钢材用量参考　　　　　表 C-19

类别	荷重(N/m²)	屋架跨度(m)											
		6	7	8	9	12	15	18	21	24	27	30	36
		角钢组成每榀质量(t/榀)											
多边形	1000					0.418	0.648	0.918	1.260	1.656	2.122	2.682	3.603
	2000					0.518	0.810	1.166	1.460	1.776	2.090	2.768	5.000
	3000					0.677	1.035	1.459	1.662	2.203	2.615	3.830	5.955
	4000					0.872	1.260	1.459	1.903	2.614	3.472	3.949	
三角形	1000				0.217	0.357	0.522	0.619	0.920	1.195			
	2000				0.297	0.461	0.720	1.037	1.386	1.800			
	3000				0.324	0.598	0.936	1.307	1.840	2.390			
		轻型角钢组成每榀质量(t/榀)											
	96 170	0.046	0.063	0.076	0.169	0.254	0.41						

（2）钢屋盖每 1m² 水平投影面积钢屋架用量参考，见表 C-20。

钢屋盖每 1m² 水平投影面积钢屋架用量参考　　表 C-20

屋架间距 (m)	跨度 (m)	屋面荷重(N/m²)				
		1000	2000	3000	4000	5000
		每 1m² 屋盖钢架质量(kg)				
三角形	9	6.0	6.92	7.50	9.53	11.32
	12	6.41	8.00	10.33	12.67	15.13
	15	7.20	10.0	13.00	16.30	19.20
	18	8.00	12.00	15.13	19.20	22.90
	21	9.10	13.80	18.20	22.30	26.70
	24	10.33	15.67	20.80	25.80	30.50

屋架间距 （m）	跨度 （m）	屋面荷重（N/m²）				
		1000	2000	3000	4000	5000
		每 1m² 屋盖钢架质量（kg）				
多 角 形	12	6.8	8.8	11.0	13.7	15.8
	15	8.5	10.6	13.5	16.5	19.8
	18	10	12.7	16.1	19.7	23.5
	21	11.9	15.1	19.5	23.5	27
	24	13.5	17.6	22.6	27	31
	27	15.4	20.5	26.1	30	34
	30	17.5	23.4	29.5	33	37

注：1. 本表屋架间距按 6m 计算，如间距为 a 时，则屋面荷重乘以系数 $a/6$，由此得知屋面新荷重，再从表中查出质量。

2. 本表质量中包括屋架支撑垫板及上弦连接镶条之角钢。

3. 本表是铆接。如采用电焊时，三角形屋架乘系数 0.85，多角形乘系数 0.87。

（3）钢屋盖每 1m² 水平投影面积钢檩条用量参考，见表 C-21。

钢屋盖每 1m² 水平投影面积钢檩条用量参考　　表 C-21

屋架间距 （m）	屋面荷重（N/m²）				
	1000	2000	3000	4000	5000
	每 1m² 屋盖檩条质量（kg）				
4.5	5.63	8.70	10.50	12.50	14.70
6.0	7.10	12.50	14.70	17.00	22.00
7.0	8.70	14.70	17.00	22.20	25.00
8.0	10.50	17.00	22.20	25.00	28.00
9.0	12.59	19.50	22.20	28.00	

注：1. 檩条间距为 1.8～2.5m。

2. 本表不包括檩条间支撑量，如有支撑，每 1m² 增加：圆钢制成为 1.0kg，角钢制成为 1.8kg。

3. 如有组合断面构成之屋槽时，则檩条之质量应增加 $36/L$（L 为屋架跨度）。

（4）钢屋盖每 1m² 水平投影面积钢屋架上弦支撑用量参考，见表 C-22。

钢屋盖每 1m² 水平投影面积钢屋架上弦支撑用量参考

表 C-22

屋架间距 (m)	屋架跨度 (m)					
	12	15	18	21	24	30
	每 1m² 屋盖上弦支撑质量 (kg)					
4.5	7.26	6.21	5.64	5.50	5.32	5.33
6.0	8.90	8.15	7.42	7.24	7.10	7.00
7.5	10.85	8.93	7.78	7.77	7.75	7.70

注：表中屋架上弦支撑质量已包括屋架间的垂直支撑钢材用量。

(5) 钢屋盖每 1m² 水平投影面积钢屋架下弦支撑用量参考，见表 C-23。

钢屋盖每 1m² 水平投影面积钢屋架下弦支撑用量参考

表 C-23

建筑物高度 (m)	屋架间距 (m)	屋面风荷载 (kg/m²)		
		30	50	80
		每 1m² 屋盖下弦支撑质量 (kg)		
12	4.5	2.50	2.90	3.65
	6.0	3.60	4.00	4.60
	7.5	5.60	5.85	6.25
18	4.5	2.80	3.40	4.12
	6.0	3.90	4.40	5.20
	7.5	5.70	6.15	6.80
24	4.5	3.00	3.80	4.66
	6.0	4.18	4.80	5.87
	7.5	5.90	6.48	6.20

(6) 钢平台（带钢栏杆）每 1m 钢材用量参考，见表 C-24。

钢平台（带钢栏杆）每 1m 钢材用量参考　　表 C-24

平台宽度 (m)	3m 长平台	4m 长平台	5m 长平台
	每 1m 质量 (kg)		
0.6	54	60	65
0.8	67	74	81
1.0	78	64	97
1.2	87	100	107

注：表中栏杆为单面，如两面均有，每 1m 平台增 10.2kg。

（7）钢栏杆及扶手每 1m 钢材用量参考，见表 C-25。

钢栏杆及扶手每 1m 钢材用量参考　　　　表 C-25

项目	钢栏杆			钢扶手		
	角钢	圆钢	扁钢	钢管	圆钢	扁钢
	每米质量（kg）					
栏杆及扶手制作	15	12	10	14	9.5	7.7

（8）钢扶手每 1m 钢材用量参考，见表 C-26。

钢扶手每 1m 钢材用量参考　　　　表 C-26

项目	扶梯（垂直投影长）			
	踏步式		爬式	
	圆钢	钢板	扁钢	圆钢
	每米质量（kg）			
扶梯制作	35	42	28.2	7.8

（9）算式平台每 1m² 水平投影面积钢材用量参考，见表 C-27。

算式平台每 1m² 水平投影面积钢材用量参考　　　　表 C-27

项目	单位	算式（圆钢为主）
算式平台制作	kg/m²	160

（10）钢车挡每个钢材用量参考，见表 C-28。

钢车挡每个钢材用量参考　　　　表 C-28

项目	吊车吨位（t）						
	3	5	10	15	20	30	50
	每个质量（kg）						
车挡制作	38	57	102	138	138	232	239

C.3.2.7　木门窗规格材积用量参考

（1）木门规格材积用量参考，见表 C-29。

木门规格材积用量参考（m³/m²）　　　　表 C-29

地区	类别					
	夹板门	镶纤维板门	镶木板门	半截玻璃门	弹簧门	拼装门
华北	0.0296	0.0353	0.0466	0.0379	0.0453	0.0520
华东	0.0287	0.0344	0.0452	0.0368	0.0439	0.0512
东北	0.0285	0.0341	0.0450	0.0366	0.0437	0.0510
中南	0.0302	0.0360	0.0475	0.0387	0.0462	0.0539
西北	0.0258	0.0307	0.0405	0.0330	0.0394	0.0459
西南	0.0265	0.0316	0.417	0.0340	0.0406	0.0473

注：1. 本表按无纱门考虑；
　　2. 本表以华北地区木门窗标准图的平均数为基础，其他地区按断面大小折算。

（2）木窗规格材积用量参考，见表 C-30。

木窗规格材积用量参考（m³/m²）　　　　表 C-30

地区	类别				
	单层玻璃窗	一玻一纱窗	双层玻璃窗	中悬窗	百叶窗
华北	0.0291	0.0405	0.0513	0.0285	0.0431
华东	0.0400	0.0553	—	0.0311	0.0471
东北	0.0337	—	0.0638	0.0309	0.0467
中南	0.0390	0.0578	—	0.0303	0.0459
西北	0.0369	0.0492	—	0.0287	0.0434
西南	0.0360	0.0485	—	0.0281	0.0425

注：本表以华北地区木门窗标准图为基础，其他地区按断面大小折算。

C.3.2.8　防腐块料每 100m² 胶结材料（沥青）参考用量，见表 C-31。

防腐块料每 100m² 胶结材料（沥青）参考用量（kg）　表 C-31

隔热材料名称	缝厚（mm）	墙体、柱子、吊顶(mm)				楼地面	
		独立墙体		附墙、柱子、吊顶		基础层厚(mm)	
		基本层厚100	基本层厚200	基本层厚100	基本层厚200	100	200
软木板	4	47.41					
软木板	5			93.50		115.50	
聚苯乙烯泡沫塑料	4	47.41					
聚苯乙烯泡沫塑料	5			93.50		115.50	

续表

隔热材料名称	缝厚(mm)	墙体、柱子、吊顶(mm)				楼地面	
		独立墙体		附墙、柱子、吊顶		基础层厚(mm)	
		基本层厚100	基本层厚200	基本层厚100	基本层厚200	100	200
加气混凝土块	5		34.10		60.50		
膨胀珍珠岩板	4			93.50			60.50
稻壳板	4			93.50			

注：1. 表内所有沥青用量未加损耗。

2. 独立板材墙体、吊顶的木框架及龙骨所占体积已按设计扣除。

C.3.2.9　油漆、涂料消耗量指标

（1）常用建筑涂料消耗量指标，见表 C-32。

常用建筑涂料消耗量指标　　　　表 C-32

产品名称	适用范围	用量(m²/kg)
多彩花纹装饰涂料	用于混凝土、砂浆、木材、岩石板、钢、铝等各种基层材料及室内墙、顶画	3～4
乙丙各色乳胶漆（外用）	用于室外墙面装饰涂料	5.7
乙丙各色乳胶漆（内用）	用于室内装饰涂料	5.7
乙一丙乳液厚涂料	用于外墙装饰涂料	2.3～3.3
苯一丙彩砂涂料	用于内、外墙装饰涂料	2～3.3
浮雕涂料	用于内、外墙装饰涂料	0.6～1.25
封底漆	用于内、外墙基体面	10～13
封固底漆	用于内、外墙增加结合力	10～13
各色乙酸乙烯无光乳胶漆	用于室内水泥墙面、天花	5
ST 内墙涂料	水泥砂浆，石灰砂浆等内墙面，贮存期 6 个月	3～6
106 内墙涂料	水泥砂浆，新旧石灰墙面，贮存期 2 个月	2.5～3.0
JQ—83 耐洗擦内墙涂料	混凝土，水泥砂浆，石棉水泥板，纸面石膏板，贮存期 3 个月	3～4
KFT—831 建筑内墙涂料	室内装饰，贮存期 6 个月	3
LT—3 型Ⅱ型内墙涂料	混凝土，水泥砂浆，石灰砂浆等墙面	6～7
各种苯丙建筑涂料	内外墙、顶	1.5～3.0
高耐磨内墙涂料	内墙面，贮存期 1 年	5～6

续表

产品名称	适用范围	用量（m²/kg）
各色丙烯酸有光、无光乳胶漆	混凝土、水泥砂浆等基面，贮存期 8 个月	4～5
各色丙烯酸凹凸乳胶底漆	水泥砂浆，混凝土基层(尤其适用于未干透者)贮存期 1 年	1.0
8201—4 苯丙内墙乳胶漆	水泥砂浆，石灰砂浆等内墙面，贮存期 6 个月	5～7
B840 水溶性丙烯醇封底漆	内外墙面，贮存期 6 个月	6～10
高级喷磁型外墙涂料	混凝土，水泥砂浆，石棉瓦楞板等基层	2～3
SB—2 型复合凹凸墙面涂料	内、外墙面	4～5
LT 苯丙厚浆乳胶涂料	外墙面	6～7
石头漆（材料）	内、外墙面	0.25
石头漆、底漆	内、外墙面	3.3
石头漆、面漆	内、外墙面	3.3

（2）防火涂料消耗量指标，见表 C-33。

防火涂料消耗量指标　　　　表 C-33

名称	型号	用量（kg/m²）	名称	型号	用量（kg/m²）
水性膨胀型防火涂料	ZSBF 型（双组分）	0.5～0.7	LB 钢结构膨胀防火涂料		底层 5 面层 0.5
水性膨胀型防火涂料	ZSBS 型（单组分）	0.5～0.7	木结构防火涂料	B60—2 型	0.5～0.7
改性氨基膨胀防火涂料	A60—1 型	0.5～0.7	混凝土梁防火隔热涂料	106 型	6

（3）常用腻子消耗量指标，见表 C-34。

常用腻子消耗量指标　　　　表 C-34

腻子种类	用　途	材料项目	用量（kg/m²）
石膏油腻子	墙面、柱面、地面、普通家具的不透木纹嵌底	石膏粉	0.22
		熟桐油	0.06
		松节油	0.02

续表

腻子种类	用　　　途	材料项目	用量（kg/m²）
血料腻子	中、高档家具的不透木纹嵌底	熟猪血 老粉（富粉） 木胶粉	0.11 0.23 0.03
石膏清漆腻子	墙面、地面、家具面的露木纹嵌底	石膏粉 清漆	0.18 0.08
虫胶腻子	墙面、地面、家具面的露木纹嵌底	虫胶漆 老粉	0.11 0.15
硝基腻子	常用于木器透明涂饰的局部填嵌	硝基清漆 老粉	0.08 0.16

（4）木材面油漆消耗量指标，见表 C-35。

木材面油漆消耗量指标 表 C-35

油漆名称	应用范围	施工方法	油漆面积（m²/kg）
Y02—1（各色厚漆）	底	刷	6～8
Y02—2（锌白厚漆）	底	刷	6～8
Y02—13（白厚漆）	底	刷	6～8
抄白漆	底	刷	6～8
虫胶漆	底	刷	6～8
F01—1（酚醛清漆）	罩光	刷	8
F80—1（酚醛地板漆）	面	刷	6～8
白色醇酸无光磁漆	面	刷或喷	8
C04—44 各色醇酸平光磁漆	面	刷或喷	8
Q01—1 硝基清漆	罩面	喷	8
Q22—1 硝基木器漆	面	喷和揩	8
B22—2 丙烯酸木器漆	面	刷或喷	8

C.3.3　预制混凝土构件材料消耗量指标

C.3.3.1　预制混凝土构件钢筋含量参考表，见表 C-36。

预制混凝土构件钢筋含量参考表（kg/m³）　　表 C-36

分项工程名称	冷拔丝	钢筋	预埋铁件
方桩		130～220	15～35
板桩		100～120	
桩尖	20	180～220	16
基础梁		70	
柱		120～200	16～32
工形柱		140～200	22
空心柱		150	
梁		140～200	2
T 形吊车梁		130～160	25
鱼腹式吊车梁		150～180	25
平　板		60～80	
槽板、单肋板	10～20	70～100	
空心板	40～60		
大型屋面板	10	100～125	5
天沟、挑檐		80～100	
托架梁		340	65
拱形、折线形屋架	10	320	40
组合屋架	10	140～180	50
薄腹屋架		190～240	20
锯齿屋架	10	200～230	40
门式刚架		190～210	16
天窗架及端壁	25	160	60
檩条、支撑、上下档	18	210	24
楼梯段、斜梁、踏步		90	5
零星构件	50	100	

注：使用表中数据时不再另加损耗率。

C.3.3.2　预应力混凝土构件钢筋铁件含量参考表，见表 C-37。

预应力混凝土构件钢筋铁件含量参考表（kg/m³）　表 C-37

	分项工程名称	冷拔丝	钢筋	预埋铁件
无张法	120mm 厚多孔板	38		
	240mm 厚多孔板	6	50	3
	100mm 厚实心大楼板	35	5	5
	120mm 厚空心大楼板	35	8	
	大型屋面板	28	58	8
后张法	T 形吊车梁	4	170～230	40
	鱼腹式吊车梁	3	200～220	50
	托架梁	8	220～300	50
	拱形、折线形屋架	15	200～300	20
	薄腹屋架	5	190～230	20

注：使用表中数据时不再另加损耗率。

C.3.3.3　预制混凝土构件混凝土含量参考表，见表 C-38。

预制混凝土构件混凝土含量参考表（m³/100m²）　表 C-38

构、配件名称	捣制楼梯		捣制雨篷	捣制阳台			预制垃圾道（一）形	预制通风道、烟道（矩形）	漏空花格（每 1m³ 虚体积）
	普遍	旋转		整体阳台	板式阳台底板	梁式阳台底板			
混凝土含量	26.88	18.50	10.42	20.70	11.04	12.09	0.28/100 延长米	0.42/100 延长米	0.4

C.3.3.4　零星构件混凝土、钢筋、抹灰含量参考表，见表 C-39。

零星构件混凝土、钢筋、抹灰含量参考表　表 C-39

项目		单位	含量		
			混凝土（m³）	钢筋（kg）	抹灰面（m²）
水池	0.5m² 以内	100 个	8.00	850	361
	0.72m² 以内		12.00	1400	546
	厨房	100m²	7.10	350	277
	搁板		11.00	750	127
	漏空花格		2.46		
	厕所高隔板	100 延长米	5.12	210	349
	厕所低隔板		3.42	220	236
	单面盥洗台		4.95	480	237
	小便池（包括挡板）		9.32	70	234

注：1. 水池按水平投影面积计算。
　　2. 水池抹灰包括砖墩。

C.3.3.5 综合脚手架定额各类脚手架含量，见表C-40。

综合脚手架定额各类脚手架含量　　　　　表 C-40

项目	单位建筑面积含量(m²)
外脚手架面积	0.79
里脚手架面积	0.90
3.6m以上装饰脚手架面积	0.09
悬空脚手架面积	0.11

C.3.3.6 现场预制混凝土构件混凝土模板接触面积参考表，见表 C-41。

现场预制混凝土构件每 1m³ 混凝土模板接触面积参考表

表 C-41

序号	项目	单位	模板接触面积(m²)	序号	项目	单位	模板接触面积(m²)
1	矩形柱	m³	3.046	22	天沟板	m³	22.551
2	工字形柱	m³	7.123	23	折板	m³	1.83
3	双肢形柱	m³	4.125	24	挑檐板	m³	4.36
4	空格柱	m³	6.668	25	地沟盖板	m³	6.62
5	围墙柱	m³	11.76	26	窗台板	m³	12.11
6	矩形梁	m³	12.26	27	隔板	m³	7.08
7	异形梁	m³	9.962	28	栏板	m³	7.89
8	过梁	m³	12.45	29	遮阳板	m³	16.51
9	托架梁	m³	11.597	30	檩条	m³	44.04
10	鱼腹式吊车梁	m³	13.628	31	天窗上下档及封檐板	m³	29.36
11	拱形梁	m³	6.16	32	阳台	m³	5.642
12	折线形屋架	m³	13.46	33	雨篷	m³	11.777
13	三角形屋架	m³	16.235	34	垃圾、通风道	m³	0.715
14	组合屋架	m³	13.65	35	漏空花格	m³	105.795
15	薄腹屋架	m³	15.74	36	门窗框	m³	15.13
16	门式刚架	m³	8.398	37	小型构件	m³	21.06
17	天窗架	m³	8.305	38	池槽	m³	12.856
18	天窗端壁板	m³	27.663	39	栏杆	m³	177.71
19	平板	m³	4.83	40	扶手	m³	13.99
20	大型屋面板	m³	32.141	41	井盖板	m³	4.817
21	单肋板	m³	35.149	42	井圈	m³	17.756

参 考 文 献

[1] 中华人民共和国住房和城乡建设部. 建筑工程建筑面积计算规范 GB/T 50353—2013. 北京：中国计划出版社，2014.

[2] 住房和城乡建设部标准定额研究所. 《建筑工程建筑面积计算规范》宣贯辅导教材. 北京：中国计划出版社，2015.

[3] 中国建设工程造价管理协会. 建筑工程建筑面积计算规范图解. 北京：中国计划出版社，2009.

[4] 黄伟典. 工程定额原理. 北京：中国电力出版社，2015.

[5] 黄伟典. 建设工程计量与计价（第三版）. 北京：中国环境科学出版社，2007.

[6] 黄伟典. 建筑工程计量与计价（第三版）. 北京：中国电力出版社，2015.

[7] 黄伟典. 建筑工程计量与计价实训指导. 北京：中国电力出版社，2015.

[8] 黄伟典. 建筑工程计量与计价. 大连：大连理工大学出版社，2015.

[9] 黄伟典. 建筑工程计量与计价（十二五国家规划教材）. 大连：大连理工大学出版社，2015.

[10] 黄伟典. 装饰工程估价. 北京：中国电力出版社，2013.

[11] 黄伟典. 建设工程工程量清单计价实务. 北京：中国建筑工业出版社，2013.

[12] 黄伟典. 建设项目全寿命周期造价管理. 北京：中国电力出版社，2014.

[13] 黄伟典. 建设工程计量与计价案例详解（最新版）. 济南：山东科学技术出版社，2008.

[14] 黄伟典，张玉明. 建设工程计量与计价习题与课程设计指导. 北京：中国环境科学出版社，2006.

[15] 黄伟典. 造价员. 北京：中国建筑工业出版社，2009.

[16] 黄伟典. 工程造价资料速查手册. 北京：中国建筑工业出版社，2010.

[17] 黄伟典. 建筑工程造价工作速查手册. 济南：山东科学技术出版社，2011.

[18] 黄伟典，王在生. 新编建筑工程造价速查快算手册. 济南：山东科学技术出版社，2012.

[19] 袁建新. 简明工程造价计算手册. 北京：中国建筑工业出版社，2007.

[20] 魏文彪. 造价员一本通（建筑工程）. 北京：中国建材工业出版社，2006.

[21] 《建筑工程预决算必备数据一本全》编委会. 建筑工程预决算必备数据一本全. 北京：中国建材工业出版社，2009.

[22] 汪军. 建筑工程造价计价速查手册. 北京：中国电力出版社，2008.

[23] 《造价工程师实务手册》编写组. 造价工程师实务手册. 北京：机械工业出版社，2006.